5G 丛书

# 5G 落 地

## 应用融合与创新

中国移动通信有限公司政企客户分公司 ◎ 编著

机械工业出版社

本书从应用视角出发，在介绍了 5G 通信技术的特点、优势与发展现状的基础上，通过 5G 通信技术在工业和能源行业中的具体业务应用，全面讲解了 5G 网络与产业融合的场景、方式和方法，为读者提供了全景化的 5G 应用展示，并结合 5G 智慧工厂及 5G 智慧能源等案例，总结了行业信息化发展趋势与 5G 技术落地方向。

本书适合能源与工业企业管理者、信息化部门和营销部门人员以及有意了解 5G 及其融合应用的各界读者阅读。

### 图书在版编目（CIP）数据

5G 落地：应用融合与创新/中国移动通信有限公司政企客户分公司编著. —北京：机械工业出版社，2019.10
（5G 丛书）
ISBN 978-7-111-63967-1

Ⅰ. ①5…　Ⅱ. ①中…　Ⅲ. ①无线电通信 – 移动通信 – 通信技术　Ⅳ. ①TN929.5

中国版本图书馆 CIP 数据核字（2019）第 224433 号

机械工业出版社（北京市百万庄大街 22 号　邮政编码 100037）
策划编辑：吕　潇　责任编辑：吕　潇
责任校对：孙丽萍　封面设计：马精明
责任印制：张　博
三河市国英印务有限公司印刷
2019 年 11 月第 1 版第 1 次印刷
165mm×230mm·10.25 印张·96 千字
0001—3500 册
标准书号：ISBN 978-7-111-63967-1
定价：49.00 元

电话服务　　　　　　　　　网络服务
客服电话：010-88361066　　机 工 官 网：www.cmpbook.com
　　　　　010-88379833　　机 工 官 博：weibo.com/cmp1952
　　　　　010-68326294　　金 书 网：www.golden-book.com
封底无防伪标均为盗版　　　机工教育服务网：www.cmpedu.com

# 序

5G 是 5th generation mobile networks 的简称，也就是第五代移动通信网络。从 1G 到 5G，移动互联网络的每一次升级都在引领着信息通信新技术的变革。在过去的近 10 年里，每个人都在亲身经历着 4G 在大众市场对个人生活的改变。移动支付、共享经济是产业层面的颠覆式创新。其底层技术逻辑，是移动通信技术的全 IP 化，使移动通信和宽带通信实现融合。在已经到来的 5G 时代，以产业为代表的整个社会将发生改变，凭借"高带宽、低时延、大连接"三大属性，物联网和移动互联网实现融合。

以美国为代表的传统科技强国将 5G 提升到国家战略的高度。中国也第一次站在移动通信技术引领者的舞台上。2017 年至 2019 年，国务院政府工作报告中连续三年提及 5G，同时积极布局 5G 频谱资源规划，为国内 5G 发展奠定政策基础。各国在顶层设计方面对 5G 的重视，正是因为 5G 网络将极大促进移动互联网、大数据、云计算的三位一体。移动网络将成为产业发展的基础设施。

最典型的例子就是工业控制网络。

在工业行业中，无论是以工业产品制造为代表的离散型企业，还是以能源、化工生产为代表的流程型企业，均拥有大量生产作业终端并生产大量工业生产数据。数据已成为企业的重要战略资源。例如在发电领域，电力生产实时数据的标准化自动采集、传输技术、人工智能、数据分析技术的发展，促使产业从传统的管理信息化到生产数字化飞跃，实现信息化与工业化的深入融合。

云计算为工业数据的高效存储与分析奠定基础，云计算能力成为企业的核心竞争力。边缘云和边缘计算，作为 5G 核心技术，使数据更加靠近企业，极大提升数据分析和适用效率。由于边缘云往往设置在基站侧，以中国移动为代表的运营商在这一领域具有天然优势，进而在 5G 与行业融合的过程中走在前列。

在 5G 引领的通信科技和行业商业逻辑的融合浪潮之中，既懂通信又懂行业是对相关人才的必然要求。在 3G、4G 时代，首先考虑网络容量问题，工程技术能力驱动企业对网络的选择。而在 5G 时代，场景成为核心驱动，每个不同企业的不同场景到底需要什么样的网络，需要深入了解场景特点和需求。

很高兴本书的编写组能够从 5G 在行业应用落地的角度出发，以具体场景为切入点对 5G 技术进行介绍。期待本书为各行业，特别是工业和能源领域的从业者带来一些启示，为中国工业化和信息化的进一步融合做出贡献。

朱卫列

中国华能集团公司

首席信息师

2019 年 10 月

# 前 / 言

2019 年是 5G 商用元年，这一年伊始，整个中国大地都燃起了对 5G 的热情。一夜之间，几乎所有人都在讨论 5G。与 5G 相关的书籍也应运而生，为广大读者从通信发展、信息技术、商业模式创新等多个维度进行介绍。但目前尚没有一本书，从 5G 与产业，特别是 5G 与工业及能源垂直行业深入结合的角度出发，来介绍 5G 如何赋能制造业、能源行业，如何在大众市场之外，深刻改变垂直行业，进而重塑整个社会。

在 5G 加速发展的今天，中国第一次成为通信标准领域的引领者。中国移动从需求到标志性技术再到架构设计，已成为了国际标准主航道的主力军，并依托 5G 技术赋能行业，推动中国经济持续发展。

我们常用"水深火热"来形容 5G 在产业的发展——产业看 5G 很火热，是新技术新方向；通信人看产业水很深，满足客户场景需求的每一次交付都是一次能力飞跃的挑战。

本书的编著者是这场 5G 技术引领的产业信息化浪潮的最早参与者，同时站在运营商一线与客户一线，作为工业和能源垂直行业的客户经理，长期与最具实力和典型性的客户接触、交流。本书从产业和通信两个角度进行切入，拉近运营商和行业客户之间、5G 能力和行业场景之间的距离。希望通过本书将编著者所积累的点滴实践经验，以及对 5G 垂直行业应用落地的认识与体会，与广大同行朋友们分享。

在此感谢本书编写组成员王小奇、杨鹏、徐鑫、周茉、李颖、史家韵、黄迪、崔旭升、王荷雅、张雅君、郝森参、吴沛喆、于强、张弓益、丁天阳在本书编写过程中所做出的贡献。希望本书能够给读者带来更开阔的研究思路，丰富读者对 5G 行业场景的认识，切实推动 5G 与垂直行业场景的结合，助力中国产业及经济发展与升级。

**中国移动通信有限公司政企客户分公司**

**2019 年 9 月**

# 目 / 录

# 第 1 章

# 5G 时代

　　每一次通信技术的升级演进，都将带来产业发展的颠覆性变革。

　　面对 5G 带来的新机遇和新挑战，构筑世界领先的信息基础设施，推动"互联网＋"在经济社会各领域的创新应用，已成为新时代赋予信息通信业的新使命。

## 1.1 通信何为，5G 何为

### 1.1.1 从通信说起

通信，是我们日常生活中克服地理距离，传达信息的手段，也是现代社会中提高生产力的重要技术因素。从古至今，通信都在为促进人类文明与科技的发展做着卓越的贡献。古时有"烽火连三月"来进行战况的通信，有"家书抵万金"来寄托亲人的思念，有丰富的语言文字向我们传递着悠久的历史与灿烂的文化，更有引以为傲的活字印刷向世界传播着中华文明。伴随着电报、电话以及广播的诞生，我们进入到通信的时代，通信技术开始得到人们更广泛的关注与长足的发展，人们对信息的传递、存储以及处理的方式也提出了更多需求，不仅局限于语音，还包括文本、图像、视频等，也正是多种多样的信息表达形式，构成了我们这个多彩的世界。

要达到信息传递的目的，势必需要借助一系列的系统及技术来实现，通信系统的组成主要包括图 1-1 所示的几个必备部分。

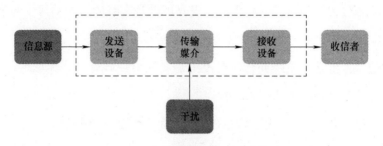

图 1-1　通信系统一般模型

例如学校里老师要向学生们广播通知一件事情，那么老师就是信息的发出者，也就是信息源；广播设备就是信息系统中的发送设备；广播发出的声音通过空气的传播，让学生们接收到，其中空气就是传输媒介，学生们的耳朵就是接收设备，学生就是最终的收信者。同时，在消息传播的过程中，也存在着各种各样的干扰。通过以上的例子，我们可以来理解一下通信系统组成部分的基本概念：

1）信息源：信息源是指信息的发源地或发出者。信息源根据输出信号的不同分为模拟信息源和数字信息源。比如我们平时用的智能手机，在通话的时候输出的是我们的语音信号，是连续的，这时就是模拟信息源，若在编辑短信或者邮件的时候，输出文字，是离散的，这时就是数字信息源。

2）发送设备：发送设备主要的功能就是把信息源发出的信号通过一系列的手段变换为适于传播媒介传输的形式。这种变换的方式是多样的，也涉及多种调制形式。

3）传输媒介：从通信系统构成能够看出，传输媒介就是从发送设备到接收设备所经过的媒介。媒介可以是有线的，如网线、光纤、同轴电缆等，也就是我们所说的有线通信；媒介也可以是无线的，如空气，也就是无线通信。但不论是有线传输媒介还是无线传输媒介，都不可避免地会引入干扰。

4）接收设备：由于信号在发送设备中经历了变换，在接收设备接收到信号时要完成与发送设备的反变换。

通信往往研究的内容是在更短的时间内，传送更大且更准确信息量的问题。所以为了这个目标，整个通信系统中的发送设备、接收设备及传输的媒介等都在不断地进行技术升级。

## 1.1.2　不同以往的5G

每一代通信技术的发展，都是一个标准先行的过程。5G 通信技术（The 5th Generation mobile communication technology）的含义是第五代移动电话行动通信标准，也称为第五代移动通信技术。我们说5G 为行业而生，就是因为在标准设计之初，便为 5G 设计了三大使用场景——增强移动宽带（Enhanced Mobile Broadband，eMBB）场景、低时延高可靠通信（Ultra Reliable Low Latency Communication，uRLLC）场景、低功耗大连接通信（Massive Machine Type of Communication，mMTC）场景。

在过往 1G ～ 4G 通信技术的迭代过程中，基本是在移动宽带性能上做文章，针对个人用户，速度不断提升，网络质量不断优化。直到 5G，其新拓展出的低时延高可靠通信、低功耗大连接场景，才真正推动了更为广泛的物与物之间的连接。相较于 4G，5G 的性能得到了全面的提升：用户的体验速率将达到 1Gbit/s；不仅单项空口时延能够低至 1ms，可靠性也提高到了 99.999%；同时，也实现了每平方千米百万量级的连接密度。

5G 的产品链条大致可分为终端、无线网、核心网，以及智能的云平台，如图 1-2 所示。首先在终端层面，5G 能够连接包括手表、工程机械、汽车、家电等各式各样的终端，相应地，在此层面也充满着各类的终端芯片厂商。终端发出的信息首先经过的就是运营商

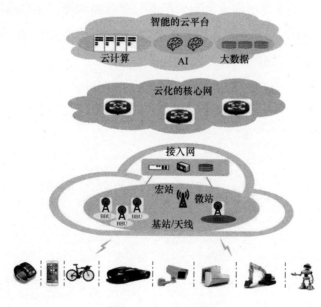

图 1-2　5G 产品链条

建设的无线网，通过无线网传送至核心网，最终接入智能的云平台，通过云平台的数据存储及处理等一系列操作，为最终用户提供丰富的应用。

4G 改变生活，5G 改变社会！4G 像修路，5G 要造城！

5G 不是简单的"4G＋1G"，而是将更具有革命性，实现更高价值，能够为跨领域、全方位、多层次的产业深度融合提供基础设施，充分释放数字化应用对经济社会发展的放大、叠加、倍增作用。从顶层设计来看，5G 被寄予厚望，使能数字化社会，5G 不仅仅是通信领域的竞争，而是全行业的竞争；从 5G 业务特性来看，按百万连接和毫秒级时延的标准来进行协议设计，真正实现万物互联，为行业而生；从行业发展需求来看，产业升级对移动通信技术的发展翘首以盼。这三个视角的共同需求，促使全社会投入到 5G 的发展中来。

## 1.2    移动通信演进小史

我们日常的生活离不开移动通信，各位读者也是移动通信行业迅猛发展的见证者，智能手机的问世更是信息时代崛起的标志之一，加速了移动通信技术的革新。我们通常说的"G"，代表的是"代（Generation）"，从模拟通信时代的 1G 到万物互联的 5G，经历的几代移动通信发展不仅仅是技术进步的结果，也并存着标准的纷争与利益的博弈，它们共同组成了这一部波澜壮阔的通信发展史，如图 1-3 所示。

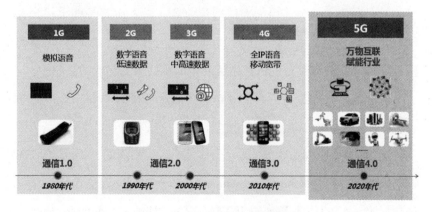

图 1-3    五代通信技术发展情况

### 1G：模拟语音通信时代

1G 是以模拟技术为基础的无线通信系统，主要提供的业务也是模拟语音业务。在 1G 时代，大约在 1980 年后，我们经常会在电影中看到"大哥"们拿着"大哥大"潇洒地打着电话，不过那时候，通话质量非常不稳定，串号现象也很普遍，最大的传输速率也只能达到 2.4kbit/s，各国并没有统一的通信标准，像越洋电话、国际漫游之类的服务还都不存在。摩托罗拉作为移动通信的开创者，成为模拟通信技术的领军企业和市场先锋。

### 2G：开启数字通信时代

到了 1995 年，2G 时代，也就是数字通信时代来临了。与模拟通信技术相比，数字通信技术能够有更好的抗干扰能力，同时承载的信息量也大幅度提升，速率能够达到 64kbit/s，在此基础之上，除了能够提供语音业务，也能支持短信业务，以及浏览一些手机报和网页，聊 QQ 也成为当时人们较为流行的沟通方式。此时，大家都已看到移动通信将对我们日常生活产生不可估量的影响的必然性。

在这背后也隐藏着巨大的利益，各国之间的移动通信标准之争也从 2G 时代拉开序幕。1G 时代摩托罗拉是通信行业的霸主，美国主导着整个行业的发展方向。此时，欧盟不甘落后，提出了 GSM（Global System for Mobile Communications，全球移动通信系统）移动通信标准，它的技术核心是 TDMA（Time Division Multiple Access，时分多址）技术，并开始在全球范围内进行大规模部署，在短短十年内，全球的 162 个国家和地区建成了 GSM 网络，市场占有率遥遥领先，成为全球第一。而此时的美国也不示弱地提出了另一套标准，即 CDMA（Code Division Multiple Access，码分多址）技术。与 GSM 相比，CDMA 系统容量大大提升，但其起步晚、推进慢、支撑终端少、市场规模小，最终导致 CDMA 败下阵来。摩托罗拉也为此让位，使得诺基亚成为新的领军企业。

## 3G：标准之争愈演愈烈

3G 的主要盛行年代在 2009 年以后，使用的主要技术仍旧为数字通信技术，不过与 2G 相比，此时移动通信技术的容量更大、功率更小、辐射也更小，网速大大提高，能够达到 5376kbit/s。同时，我们已经可以使用视频聊天，"微博大 V"成为时尚词汇，我们的手机中能够安装和支持的 APP 也更加丰富。此时在移动通信的标准争夺战中，包括以欧洲为代表的 WCDMA 和以美国为代表的 CDMA2000。在我国，由中国移动牵头制定的 TD-SCDMA 开始在全球移动通信领域中崭露头角。智能手机也在这一时代诞生，使得 3G 有了切实的载体。

## 4G：满足人们日益增长的需求

2013 年前后，4G 时代正式到来。此时，人们对移动通信技术的依赖日益增加，也催生出更多的需求，例如各大运营商均推出了流量不限量套餐，使得我们再也不用担忧流量不够的问题；各种在线游戏也发展得如火如荼；在支付方面，移动支付彻底改变了人们的消费习惯；当然，一些短视频和直播平台，例如快手、抖音等也成为青少年的新宠。这些新的应用得益于 4G 时代网速的大幅增长，此时的静态传输速率能够达到 1Gbit/s，高速移动状态下也能够达到 100Mbit/s。

### 5G：万物互联，赋能行业

对于 5G，我们常说的一句话就是"4G 改变生活，5G 改变社会"，5G 推动传统的 3C 向新 3C 转变。传统 3C 指"Computer（计算机）、Communication（通信）和 Consumer electronics（消费电子）"。新 3C 中，第一个 C 代表"Connection（连接）"，泛在连接带来的永远在线将为各行各业以及全社会的智能化发展提供基础；第二个 C 代表"Control（控制）"，5G 的通信交互将承载各种控制，通过控制去实现工业自动化、远程施工等；第三个 C 代表"Convergence（融合）"，5G 将会与各行各业垂直领域产生深度的融合，这种融合也将催生许多新的业务，产生新的商业物种，从而创造巨大的价值。

值得一提的是，在 5G 的标准制定上，中国移动公司在国际上已经占据了主导地位：在 3GPP 牵头多个关键 5G 标准项目立项，全球排名第一；在国际组织领导职务中，位列运营商第一。同时，中国移动也凝聚了国内的各种通信企业，带领整个产业链实现快速的发展及成熟。

从时间上看，1G 到 4G 时代跨越近 40 年历程，恰好与我国改革开放的历史进程相重叠。我国的移动通信，伴随着国家经济腾飞和跨越式发展，从"1G 空白、2G 跟随、3G 突破"到今天的"4G 同步、5G 引领"。在 1G 至 3G 时代，欧洲和美国各扯大旗，分庭抗礼，我国紧紧跟随，并一步步缩小差距。4G 时代，我国主导的 TD-LTE 标准，成为具有全球竞争力的通信标准。进入 5G 时代，我国已站稳第一梯队，在移动通信演进历史长河中，从配角晋升为主角，推动通信技术发展进程，并进一步带动中国经济社会转型升级。

## 1.3　5G 助力行业信息化进一步发展

我们正身处 4G 对生活带来的巨大变革之中，深切感受着移动互联网的发展下短视频、直播、移动支付等新兴事物带来的便利。自 2010 年至今，4G 历经近 10 年的发展，就像一个完整的故事，自有其开始、发展、高潮、结束。在 4G 时代的最后几年，其发展所面临的挑战日益严峻。

一方面，移动数据流量连续急剧增长，超出 4G 容量能力。相较于 2016 年，预计 2020 年全球流量将增长 7 倍，我国流量将增长 8 倍；2030 年全球流量将增长 81 倍，我国流量将增长 119 倍。其中，物联网连接数的增长是实现如此高倍速增长的主力军，5G 时代带来最大的变化是从人的连接到万物互联、万物智能的时代，连接的数量和以往也不是一个量级。预计 2030 年全球物联网设备将接近 1000 亿台，其中我国将超 200 亿台。

另一方面，移动通信将改变的触角从日常生活延伸到社会各个产业之中。如在娱乐产业，AR/VR、高清视频业务用户体验速率需求不断提高；在制造业和交通行业，无论是机械的远程控制，还是车辆的自动驾驶，都对网络的时延及业务可靠性提出极高要求；在智慧城市的发展过程中，更多连接数要求有更大的连接能力。

相较于4G，在传输速率方面，5G峰值速率为 $10 \sim 20 \text{Gbit/s}$，提升了 $10 \sim 20$ 倍；流量密度方面，5G目标值为 $10 \text{Tbit/s/km}^2$，提升了100倍；网络能效方面，5G提升了100倍；可连接数密度方面，5G每平方千米可联网设备的数量高达100万个，提升了10倍；频谱效率方面，5G相对于4G提升了 $3 \sim 5$ 倍；端到端时延方面，5G将达到1ms级，提升了10倍；移动性方面，5G支持时速高达500km的通信环境，提升了1.43倍。因此，5G给我们带来的是超越光纤的传输速度，超越工业总线的实时能力以及全空间的连接。

可以说，5G技术带来系统性能指数级提升，提供前所未有的用户体验和连接能力；5G网络构筑万物互联的基础设施；5G应用加速经济社会数字化转型。而这，也使得5G拥有4G以前的时代所不能完全具备的行业属性，5G的高带宽、大连接、低时延等特性为众多行业创造了巨大的机遇，同时也为大规模颠覆奠定了基础。移动网络正在使能全行业数字化，成为基础的生产力。

每一次通信技术的升级演进都将带来产业发展的颠覆性变革。当前5G时代正加速到来，面对5G带来的新机遇和新挑战，构筑世界领先的信息基础设施，推动"互联网 ＋"在经济社会各领域的创新应用，已成为新时代赋予信息通信业的新使命。

# 第 2 章

# 5G 核心

相比于 4G 的"修路"，5G 则是"造城"。

打造跨行业融合生态，5G 将和大数据、云计算、人工智能等一道迎来信息通信时代的黄金 10 年。

## 2.1　不仅是"更快"

### 2.1.1　5G 三大运营场景

根据国际电信联盟（International Telecommunication Union，ITU）的定义，5G 网络将支持更高速率、更低时延和更大连接数密度，并将能够满足增强移动宽带（Enhanced Mobile Broadband，eMBB）、低时延高可靠通信（Ultra Reliable Low Latency Communication，uRLLC）和低功耗大连接（Massive Machine Type Communication，mMTC）这三大应用场景的主要业务需求。5G 为我们带来的不仅仅是更快（更低的时延），还包括更大的带宽、更可靠的连接保障和更大规模的连接，如图 2-1 所示。

**场景 1：增强移动宽带场景**，又可细分为连续广域覆盖场景和热点高容量场景。连续广域覆盖场景是移动通信最基本的覆盖方式，以保证用户的移动性和业务连续性为目标，为用户提供无缝的高速

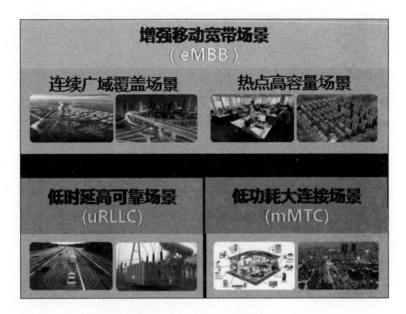

**图 2-1　5G 三大应用场景**

业务体验。这个场景的主要挑战在于随时随地（包括小区边缘、高速移动等恶劣环境）为用户提供 100Mbit/s 以上的用户体验速率。热点高容量场景主要面向局部热点区域，为用户提供极高的数据传输速率，满足网络极高的流量密度需求。这个场景的主要挑战是 1Gbit/s 用户体验速率、数十 Gbit/s 峰值速率和每平方千米数十 Tbit/s 的流量密度需求。

5G 的网络速度是 4G 的 11.2 倍，在 4G 网络下半小时才能下载的大型游戏和视频文件，在 5G 网络下，起身接杯水的时间就能高速、无损地下载完成。相同的时间，用 4G 网络只能下载半集电视剧，用 5G 网络可以下载完 10 集电视剧。但换一个角度讲，如果在

5G 网络下可以在线流畅观看高清视频，那么下载需求是不是也不会那么强烈？

5G 业务的第一个场景，还是传统意义的移动通信能力的进一步提升。简单来说，就是我们个人在使用手机等移动终端的时候，速度越来越快，稳定性越来越好。接下来的两个场景，则蕴藏着改变行业和社会的潜能。

**场景 2：低时延高可靠场景，**主要面向车联网、工业控制等垂直行业的特殊应用需求，这类应用对时延和可靠性具有极高的指标要求，需要为用户提供毫秒级的端到端时延和接近 100% 的业务可靠性保证。

人类眨眼的时间为 100ms，而 5G 的时延小于 1ms，再也不用担心网络视频画面卡顿和操作效果延时，5G 时代信息交换可以完全精准流畅地进行。以无人机操控为例，4G 网络下的无人机由于时延严重，反应迟钝容易撞上障碍物，5G 网络下的无人机能够灵敏地躲过障碍平稳飞行。

**场景 3：低功耗大连接场景，**主要面向智慧城市、环境监测、智能农业、森林防火等以传感和数据采集为目标的应用场景，具有小数据包、低功耗、海量连接等特点。这类终端分布范围广、数量众多，不仅要求网络具备超千亿连接的支持能力，满足 100 万/$km^2$ 连接数密度指标要求，而且还要保证终端的超低功耗和超低成本。

5G 网络每平方千米最大连接数将是 4G 的 10 倍。预计 2025 年全球 5G 连接数将达到 14 亿，中国将达到 4.6 亿。在 5G 网络覆盖下，每平方千米内，可支持 100 万台设备同时高速上网。试想每个人所使用的可穿戴设备，每个家庭中所有电器、家居实现智能物联，连接数量的提升将实现指数级增长。5G 网络，将人与人的连接，推广到物与物、人与物的连接。

为了满足三大应用场景的需求，5G 网络将具备比 4G 网络更高的性能，如图 2-2 所示，特别是在空口时延、峰值速率和每平方千米接入数量方面有了显著提升，包括支持毫秒级的空口时延（4G 的1/10）、峰值速率 20Gbit/s（4G 的 20 倍）、每平方千米接入数量 100万个（4G 的 100 倍），这三个指标作为 5G 最基本的三个性能指标，可以概括为低时延、高带宽和大连接三大特性，在满足以上三大应用场景的同时，更好地服务生活，改变社会。

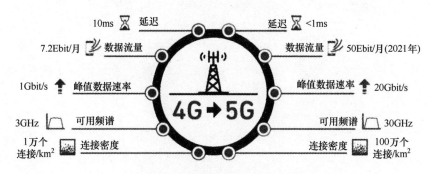

图 2-2　5G 性能与 4G 性能比较

## 2.1.2　5G 改变社会

5G 的低时延、高带宽和大连接的三大特性带来了移动通信领域深刻的变革，在传统考虑人与人之间连接的同时加入了人与物、

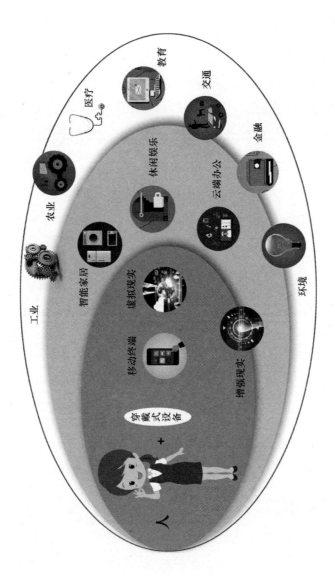

图 2-3  5G 改变社会

物与物之间的连接内容。5G 将为个人用户在居住、工作、休闲、出行等各种环境下的各类业务需求，特别是在住宅区、办公室和体育场等高连接密度和高速路、高铁等高移动性特征等 4G 业务无法完全满足的场景，也可以为用户提供高清视频下载、增强现实（AR）、虚拟现实（VR）在线游戏等极致业务体验。同时，5G 还将渗透到物联网、车联网、工业和能源等垂直行业，与工业设施、交通工具以及各类行业终端深度连接，有效地满足交通、工业、能源和医疗等行业各类业务差异化的需求，真正实现万物互联。

5G 构建"以用户为中心的"通信生态系统，如图 2-3 所示，为个人和行业用户提供更便利和身临其境的定制化信息服务，通过人与物以及物与物的智能连接，优化各类服务水平，加速垂直行业信息化和自动化发展进程，满足企业发展转型需求，最终实现 5G 改变社会。

## 2.2  5G 技术关键词

5G 之所以相比之前的移动通信有了显著进步，主要是因为 5G 采取了各类先进的通信技术，下面我们从技术角度对 5G 进行介绍。

### 2.2.1  5G 频谱

无线通信是通过电磁波进行通信，电波和光波都属于电磁波，我们目前主要使用电波进行通信。手机、电脑、电台、导航，一切无线通信都依靠电波来传输信息。简单来理解信息传播方式，就是终端收集信息，把信息码进电磁波里，发给基站，基站通过网络发送给另一个终端读取信息。

电波信号有不同的频率，频段资源非常有限，为了避免相互干扰，要对有限的频段资源进行划分，分配给不同的对象和用途，如图 2-4 所示。

| 名称 | 英文缩写 | 频率 | 波段 | 波长 | 主要用途 |
|---|---|---|---|---|---|
| 甚低频 | VLF | 3~30kHz | 超长波 | 10~100km | 海岸潜艇通信；远距离通信；超远距离导航 |
| 低频 | LF | 30~300kHz | 长波 | 1~10km | 越洋通信；中距离通信；地下岩层通信；远距离导航 |
| 中频 | MF | 0.3~3MHz | 中波 | 100m~1km | 船用通信；业余无线电通信；移动通信；中距离导航 |
| 高频 | HF | 3~30MHz | 短波 | 10~100m | 远距离短波通信；国际定点通信；移动通信 |
| 甚高频 | VHF | 30~300MHz | 米波 | 1~10m | 电离层散射；流星余迹通信；人造电离层通信；对空间飞行体通信；移动通信 |
| 特高频 | UHF | 0.3~3GHz | 分米波 | 10~100cm | 小容量微波中继通信；对流层散射通信；中容量微波通信；移动通信 |
| 超高频 | SHF | 3~30GHz | 厘米波 | 1~10cm | 大容量微波中继通信；国际海事卫星通信；移动通信；卫星通信 |
| 极高频 | EHF | 30~300GHz | 毫米波 | 1~10mm | 再入大气层时的通信；波导通信 |

图 2-4 不同频率的电波

从 1G 到 4G 的技术演进过程，也是使用电波频率越来越高的过程。因为频率越高，可使用的频率资源就越多，因此装载的信息就越多，传输性能就越好。例如目前全球主流的 4GLTE（Long Term Evolution，长期演进）技术标准，就属于特高频和超高频。

目前世界大部分国家选择采用超高频的频段进行 5G 通信，比如我国运营商主要使用 2.6GHz（特高频）、3.5GHz（超高频）和 4.9GHz（超高频）等频段承载 5G 业务，每个频段的频谱资源更加丰富，相比之前的 4G 网络通道资源更加广阔，因此可为各类业务提供更大的带宽，带来更好的业务体验。

未来，随着 5G 技术的不断推广和应用，更高的频段资源将被启用，如果极高频频谱资源投入通信市场，必将带动整个无线通信领域的新一轮革命。

大家肯定会有一个疑问，既然高频这么好，为什么我们之前一直不使用高频呢？电磁波的另一个显著特点就是频率越高，衰减就越快，穿透力越差。这也好理解，跑得快自然体力消耗大，持久力难免受到影响。解决这一问题的办法就是在信息传输过程中，增加中途的驿站，也就是基站。使用了高频率，覆盖能力将大幅下降，为了满足现有覆盖区域的需求，需要修建更多的基站，建设成本成为一大挑战。5G 技术落地，离不开接下来的两个技术关键词——3D-MIMO 和微基站。

## 2.2.2　3D-MIMO 技术和微基站

3D-MIMO（3D-Multiple-Input Multiple-Output 三维布局多进多出）技术，即多根天线发送，多根天线接收。在传统的基站中，天线的数量非常有限，基本上是 2 天线、4 天线或 8 天线；在 5G 模式下，采用了 3D-MIMO 技术天线数量是按阵列来计的，天线数量达到 64 天线、128 天线或 256 天线，如图 2-5 所示。

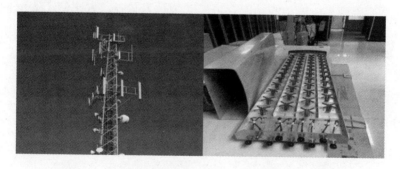

**图 2-5　传统基站天线排列与 5G 基站天线分布的对比**

由于基站天线数量增加，通过调节各个天线发射信号的相位，使其在终端接收点形成电磁波的叠加，从而达到提高接收信号强度的目的。在实际应用中，多天线可以同时瞄准多个用户，构造朝向多个目标客户的不同波束，并有效减小各个波束之间的干扰。这种多用户的波束成形在空间上有效地分离了不同用户间的电磁波。同时，由于天线数量的增加，使得 5G 基站与相同数量的传统基站相比，面对相同覆盖区域，减少了对于基站的需求，降低了建设成本。

基站分两种：大大的宏基站，小小的微基站。宏基站建设成本高，信号覆盖面积大。微基站可以小到只有巴掌大，建设运维成本也相应小很多。为了进一步提升 5G 网络覆盖面积，5G 时代微基站将无处不在。微基站在单位面积下数量更多，基站之间的距离更短，就可以解决特高频以及超高频信号衰减快的问题。

而且，与传统认知相反，基站越多辐射反而越小。如果基站间距离很远，为了信号远距离传输，就需要增大信号发射功率。5G 基站间距离减小，较小的功率就可以实现信号传达。好比两个人之间离得越近，交流所需要的声音就越小。距离相近的基站之间也只需要轻声细语，便可以实现信息传递。4G 信号就像中央空调，一个大型空调解决所有人问题。5G 微基站则是为不同的小群体单独分配小功率空调，不仅辐射降低，个体感知也更好。

## 2.2.3　网络切片

5G 显著的技术特征就是网络切片。什么是网络切片呢？一句话概括网络切片就是端到端、虚拟、定制化的网络专用通道。本质就是将运营商的无线物理网络划分为多个虚拟网络，每一个虚拟网络支撑不同需求的应用场景，实现专网化的服务。每一个"切片"都是一个特定的虚拟网络。

就像行驶在高速道路上的车辆，不同的车辆优先级各不相同。

警车、救护车当然应该紧急先行，不着急、不用赶火车的乘客是不是可以让一让？现有的网络调度机制也确实是这样工作的——QoS是服务质量（Quality of Service）的简称，分类和管理给定网络上流动的不同类型的 IP 流量（例如语音、视频、文本）。其将流量划分为多个服务类型或优先级，优先级低的给优先级高的让路，从而提高优先级高的信息的传递速率。

但如果路被堵死了呢？让路也解决不了问题。

网络切片技术是端到端的信息传输，就是相当于从高速入口到高速出口，为特定信息"切"出了专属的通道。从首端到尾端，没有其他车辆打扰，不同通道之间的特性还可以根据乘客的需要（比如时延、带宽、安全性和可靠性等）进行定制化开发，不仅包括网络通道，还包含计算和存储能力。网络切片技术实现在端到端的层面上对物理网络进行划分，从而实现最佳流量分组，隔离其他租户，并在宏观层面配置资源。

网络切片整体包括接入、传输、核心网域切片使能技术，网络切片标识及接入技术，网络切片端到端管理技术，网络切片端到端 SLA（Service-Level Agreement，服务等级协议）保障技术这四项关键技术。

其中，接入、传输、核心网域切片使能技术作为基础支撑技术，实现接入、传输、核心网的网络切片；网络切片标识及接入技术实现网络切片与终端业务类型的映射，并将终端注册至正确的网络切片；网络切片端到端管理技术实现端到端网络切片的编排与管理；

网络切片端到端 SLA 保障技术可以对各域网络性能指标进行采集分析和准实时处理，保证系统的性能满足用户的 SLA 需求。

网络切片提供端到端的网络服务，包含定制性、隔离/专用性、分级服务保障和统一平台四大特性，如图 2-6 所示。

**图 2-6　网络切片四大特性**

1）定制性：根据业务数据特征，提供满足客户需求的网络通道，比如业务需求端到端业务时延小于 10ms，就可以为客户提供 uRLLC 切片，同时业务对带宽也有要求，就可以再结合 eMBB 切片联合部署，突破了传统专线只能提供带宽服务的限制。

2）隔离/专用性：为不同切片之间数据提供隔离性服务，根据业务需求分别采取物理和逻辑策略，保证业务数据安全，满足资源使用策略要求。

3）分级服务保障：根据业务需求，提供定制化的服务保障策略，满足业务不同安全保障维度需求，同时可以为同一客户的不同业务提供分级保障策略，响应业务不同优先级要求。

4）统一平台：5G 引入了 SDN（Software Defined Network，软件定义网络）和 NFV（Network Function Virtualization，网络功能虚拟

化）技术。实现软件与硬件的解耦，网络功能以虚拟化网元的形式部署在统一基础设施上，提升切片的管理效率，提供更为高效的业务服务。

## 2.2.4 边缘计算

5G 技术之所以具备的超低时延、超大带宽的能力，很大程度上是通过引入 MEC（Multi-access Edge Computing，边缘计算）技术带来的。

试想一下，要实现数据快速传输和运算，要么提升速度，要么缩短路径。如果使用公有云，流量要先在大网跑一圈儿进行运算处理，再回到本地。应用在本地，网络锚点却在远端，流量就在一次次迂回中消耗掉，时间也因为路程过长而被消耗掉。

MEC 是一种基于移动通信网络的全新分布式计算方法，构建在无线侧的云服务环境，通过使部分网络服务和网络功能脱离核心网络，实现节省成本，降低时延和往返时间、优化流量和缓存效率等目标。换句话说，通过将能力下沉到网络边缘，在靠近移动用户的位置上，提供 IT 的服务、环境和云计算能力，实现计算及存储资源的弹性利用，应用本地化，内容分布化，计算边缘化等。满足低时延、高带宽的业务需求，如图 2-7 所示。

在实际操作中，需要在基站部署具备本地分流能力的边缘计算服务器。边缘计算服务器所处的位置更接近于无线接入网，虽然是移动核心网的边缘之处，却是封闭厂内数据的毗邻之地。它可以识

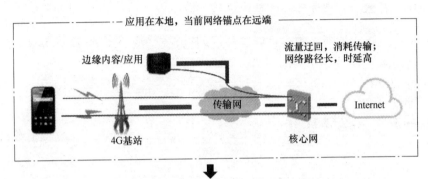

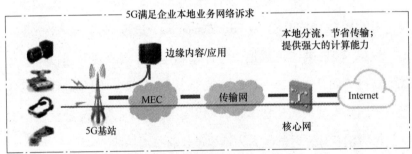

**图 2-7　传统网络锚点在业务远端与 5G 边缘计算锚点在业务近端的对比**

别园区内各类终端采集的业务数据，从本地分流到园区内的服务器，保障业务质量，缩短内容传输时延，提升业务体验。

　　MEC 主要针对封闭固定场景（比如园区、矿区、医院等），在该区域内 5G 结合 MEC 技术代替客户自建 WiFi，相比于自建 WiFi，5G 网络在抗干扰性等方面具备无可比拟的优势，更好地满足客户业务需求。5G 网络性能较 WiFi 具备优势，如图 2-8 所示。

　　目前边缘计算已开始计划应用于多个行业，比如在工业园区，通过 MEC 设备，在厂区形成数据闭环，满足业务数据不出厂需求；

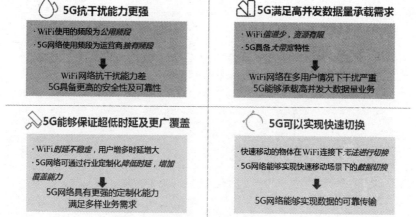

**图 2-8　5G 网络性能较 WiFi 具备较强优势**

在直播领域，在用户侧部署 MEC 设备，在本地对视频进行处理，有选择性地回传视频内容，节省传输内容，带给用户更好的业务体验。

　　未来，随着 MEC 与云计算两者进一步融合协同互补，大量应用部署在本地边缘云侧，推动通信网络、互联网和物联网深度融合，带动移动互联网、物联网、车联网及未来更多新兴产业的发展与变革。

## 2.3　5G 建设落地

### 2.3.1　5G 组网模式

5G 核心网组网分为非独立组网（Non-Standalone，NSA）和独立组网（Standalone，SA）两种模式。非独立组网是指利用现有的 4G 基础设施，进行 5G 网络的部署。独立组网则是指新建一个 5G 网络，包括 5G 基站和 5G 核心网。

在 3G 向 4G 演进的过程中，基本都是采用直接建设 4G 独立网络的模式。可以理解为"整体演进"，也就是接入网和核心网整体演进到 4G 时代。但是 4G 向 5G 的演进过程，将接入网和核心网进行拆解，分头独立演进到 5G 时代，于是组网模式支持各类排列组合方式，形成了多种网络部署选项。

3GPP 为我们定义了 8 个部署选项，就像 8 个不同的组合套餐，不同的国家和运营商可以根据自己的实际情况来选择不同的组网模式，进行 5G 网络建设。

这 8 个选项中，涉及 4 个基础概念的不同组合方式，如图 2-9 所示。

- **核心网**，选用 5G 核心网还是 4G 核心网，抑或共用；
- **基站**，选用 4G 基站（包括增强型 4G 基站）还是 5G 基站，抑或共用；
- **用户面数据**（用户的具体数据，包括语音、流量等数据），通过何种路径进行传输；
- **控制面数据**（管理、调度命令数据），通过何种路径进行传输。

简单地理解，完全按照 5G 网络要求来进行建设的"顶配"选项就是 5G 独立组网模式，例如选项 2。选项 5 使用了增强型 4G 基站，但采用了独立的 5G 核心网，也可以被认为是 5G 独立组网模式。而复用了 4G 基础设施的"低配"选项就是 5G 非独立组网模式。其中选项 3、选项 4、选项 7 还搭配了更细化的改良方案，在本书中不再赘述。

从某种程度上讲，独立组网模式可以说是"无中生有"，非独立组网模式多少还可以算作"旧物利用"。很明显，后者在成本控制和实际建设操作中更有优势。但是，只有在独立组网模式下，并且完全采用 5G 核心网以及 5G 基站时，才可能大规模采用网络虚拟化、软件定义网络等新技术，实现端到端的 5G 能力；才可以较好地利用网络切片、移动边缘计算等特性，实现对多样化业务的灵活支持。

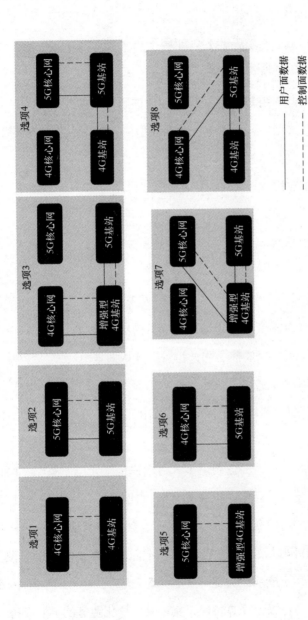

**图 2-9　5G 组网模式选项**

在坝实操作中，大部分国家都选择了非独立组网模式。原因很简单，就是为了降低建设成本，实现 4G 到 5G 的顺利过渡。现阶段，我国的三大运营商中，中国电信表示支持独立组网模式；中国移动针对独立组网和非独立组网模式都在进行测试；中国联通则更有可能优先采用非独立组网模式。

## 2.3.2　3GPP 标准冻结情况

通信技术，标准先行。5G 标准制定主要由 ITU（International Telecommunication Union，国际电信联盟）和 3GPP（3rd Generation Partnership Project，第三代合作伙伴计划）组织完成。国际电信联盟起领导的作用，3GPP 负责技术标准和规范的具体设计和执行。

> 插播：有人不禁要问，为什么是 3GPP，不应该是 5GPP 吗？因为 3GPP 是在 1998 年为实现 2G 向 3G 平滑过渡而产生的组织，其成立之初是为了规范 3G 端到端系统规范，确保不同厂商之间使用相同的标准，实现无缝互操作。随着历史的推进，这一组织名词没有发生改变，如今又扛起组织 5G 通信规范的大旗。

目前，5G 正处于标准研究阶段。总体上讲，3GPP 的 5G 标准规划可以分为三期，每期包含三个阶段。三期是指 R14、R15、R16，这里的"R"是 Release（发布）的简称，即将发布的 R16，即为第 16 标准版本，如图 2-10 所示。

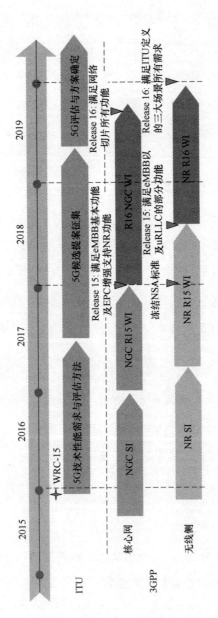

**图 2-10 标准冻结情况**

- R14 主要开展 5G 系统框架和关键技术研究。

- R15 主要制定第一个版本的 5G 标准以满足部分 5G 需求，主要聚焦 eMBB 场景。2018 年 6 月 14 日，R15 标准已经冻结，奠定了商用基础。

- R16 完成全部标准化内容，满足所有场景（eMBB/uRLLC/mMTC），并于 2020 年初向 ITU 提交方案。

## 2.3.3 三大运营商频谱规划

频谱是什么呢？打个比方，频谱好比建筑商拿地，建筑商拿到了多少地决定了能盖多少房子，运营商拿到哪段频谱决定了能服务多少用户。2018 年 12 月 6 日，我国发布了 5G 中低频段试验频率试用许可，我国的三大运营商（移动、电信、联通）拿到的频段情况如图 2-11 所示。

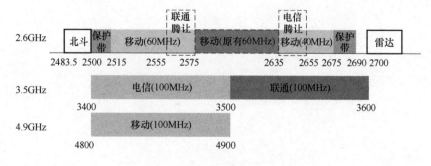

图 2-11 三大运营商频谱分配情况

中国移动拿到的是 2.6GHz 频段和 4.9GHz 频段，2.6GHz 频段中有连续的 160MHz，也就是中国移动在原有 60MHz 的 TD-LTE 频段上新增了 2515～2575MHz 的 60MHz 和 2635～2675MHz 的 40MHz，4.9GHz 频段中新增了 4800～4900MHz 的 100MHz。中国电信和中国联通拿到的是 3.5GHz 频段，分别是 3400～3500MHz 和 3500～3600MHz 各 100MHz 连续带宽。

在频谱分配上，中国移动的 2.6GHz 频段中包含现有的 4G 通信频段，对于 5G 和 4G 设备共同承载有一定优势。中国移动的 4.9GHz 频段，是一段比较"纯净"的频段，周围频段基本使用较少，所产生的干扰也相应减少。其可以被视为是一个天然硬切片，像工业互联网的制造企业工厂、园区的专网场景适合用 4.9GHz 频段来做覆盖。

## 2.4　融合的力量

促进数字化进程的关键技术包括软件定义设备、大数据、云计算、区块链、网络安全、时延敏感网络、虚拟现实和增强现实等。而通信网络是连接一切技术的底层基础。

与 2G 萌生数据、3G 催生数据、4G 发展数据不同，5G 是跨时代的技术——5G 除了更极致的体验和更大的容量，它还将开启物联网时代，并渗透进各个行业。相比于 4G 的"修路"，5G 则是"造城"，需要打造跨行业融合生态。它将和大数据、云计算、人工智能等一道迎来信息通信时代的黄金 10 年。

与传统的通信技术相比，5G 技术低时延、高带宽、大连接、高安全、高可靠的特性结合 AICDE——AI（人工智能）+ IoT（物联网）+ Cloud（云计算）+ Data（大数据）+ Edge（边缘计算）——提供开放化能力、价值化数据和智能化服务带来超大容量和海量设备接入的能力，提供更好的业务可靠性保障，以及相比光纤更低的部署和维护成本，满足不同行业差异化的业务需求，促进行业信息化和自动化水平的发展。

5G 包含 IT 能力开放、业务能力开放、连接能力开放、ICT 能力开放、管侧与端侧的连接能力五项内容，5G 连接与 IT、业务、AI 等协同能力的发展，为行业用户提供"云管端边"全方位开放化能力，满足行业客户对于"云管端边"自身特定化管理和业务需求。

5G 大连接的特性可以更好地满足现有大量和日益增长的个人及行业终端接入数量，同时伴随 5G 技术应用，越来越多的行业和个人终端可以增加到现有的连接体系中，物联信息更加广泛和丰富，由此带来更大数量和更多种类的可应用于不同行业的数据，结合各类大数据、云计算技术，通过 5G 虚拟化核心网部署方式，将以获取数据精准投向特定行业，来完成数据价值转化，服务垂直行业。

5G 技术与 AI 技术相结合创建智能网络，提升网络运维化效率。在此基础上，通过 AI 技术评估业务感知，智能调度资源及安全监管，优化业务体验，增强智能业务评估和保障能力，以此服务行业智能业务，提供高可靠、低时延的 5G 网络智能服务，满足不同行业各类业务差异化网络需求。

## 2.4.1　5G + 人工智能

5G 时代将有更多的可穿戴设备加入虚拟 AI 助理功能，个人 AI 设备可借助 5G 大带宽、高速率和低时延的优势，充分利用云端人工智能和大数据的力量，实现更为快速精准的检索信息、预订机票、购买商品、预约医生等基础功能。另外，对于视障人士等特殊人群，通过佩戴连接 5G 网络的 AI 设备，能够大幅提升生活质量。

借助 5G、人工智能、云计算技术，医生可以通过基于视频与图像的医疗诊断系统，为患者提供远程实时会诊、应急救援指导等服务。通过 5G 连接到 AI 医疗辅助系统，医疗行业有机会开展个性化的医疗咨询服务。人工智能医疗系统可以嵌入到医院呼叫中心、家庭医疗咨询助理设备、本地医生诊所，甚至是缺乏现场医务人员的移动诊所。它们可以完成很多任务：实时健康管理，跟踪病人、病历，推荐治疗方案和药物，并建立后续预约；智能医疗综合诊断可将情境信息考虑在内，如遗传信息，患者生活方式和患者的身体状况；通过 AI 模型对患者进行主动监测，在必要时改变治疗计划。

除了消费者领域外，个人 AI 设备也将应用在企业业务中，制造业工人通过个人 AI 设备能够实时收到来自云端最新的语音和流媒体指令，能够有效提高工作效率和改善工作体验。

## 2.4.2　5G + 工业互联网

随着数十亿终端接入网络，高效实时地运用海量数据，使之成为触手可及的人工智能，是重要的发展机遇。移动网络的目标是构建全连接世界，产生的数据通过连接在云端构建，不断创造价值。车联网、智能制造、全球物流跟踪系统、智能农业、市政抄表等，是物联网在垂直行业的首要切入领域，都将在 5G 时代蓬勃发展。而物联网在 5G 时代更具优势的阵地，则非工业互联网莫属。

随着新一代信息技术的发展，5G 通信将通过人工智能、大数据、云计算、MEC 等新技术与传统制造业逐渐融合。时代需求驱动传统制造业不断向信息化与智能化转型升级，工业互联网破空而出，将作为互联网时代下半场的中坚力量影响社会，进而改变全球的智能化进程。

工业互联网的发展离不开国家政策推动，近年来中央及地方政府均给予了工业互联网强有力的政策支持。2017 年 11 月，国务院印发《深化"互联网 + 先进制造业"发展工业互联网的指导意见》，明确了我国工业与互联网融合的长期发展思路，已经成为我国工业互联网建设的行动纲领。2018 年 6 月，工业和信息化部出台了《工业互联网发展行动计划（2018—2020 年）》，支持工业互联网发展的政策体系以及工业互联网平台建设和应用路线图基本形成。

制造企业要充分利用工业互联网的机会，就需要实施涵盖供应链、生产车间和整个产品生命周期的端到端解决方案。到 2017 年底，全球有 1800 万个状态监测连接，到 2025 年，这一数字预计将上升到 8800 万。全球工业机器人的出货量也将从 36 万台增加到 105 万台。目前，固定线路在工业互联网连接数量方面占主导地位。但预测显示，从 2022 年到 2026 年，5G IoT 的平均年复合增长率将达到 464%。

## 2.4.3　5G 带动行业产业链发展

针对不同的垂直行业，很难选取某一项新技术进行单独论述。每一个场景都是多种技术的融合与运用，而 5G 就是串联这些新技术的基础纽带。

事实上，在 5G 时代，任何一种先进技术都不再是独立存在的技术孤岛，大数据、云计算、物联网、工业互联网等技术逐渐融合将是大势所趋。

5G 所具有的高速率、广覆盖、低时延特性，将为经济社会各行各业数字化智能化转型提供技术前提和基础平台。5G 与 4G 相比，其布局不论从技术上还是使用上，不仅是单纯"速度"的提升，更是能够融合国家各项产业应用，助力经济发展的推进机遇，如图 2-12 所示。

根据赛迪智库发布的报告，在核心产业领域，依托技术领先、产业先发和市场庞大等优势，5G 的快速发展将带动移动通信产业取得突破性进展。由于 5G 高速率大带宽的要求，需要优先进行骨干网升级，将明显驱动光模块、光纤光缆等通信设备产业优先发展，预计 2021 年光模块产业规模将达到 140 亿元，光纤光缆产业规模将达到 500 亿元。由于 5G 频段提升，5G 基站数量将会大幅增加，预计宏基站 2021 年将建成 50 万个，微基站将突破 150 万个，这将进一步带动射频等通信设备产业爆发式的增长，预计产业规模将达到 860 亿元。综合分析预计 5G 核心产业规模将在 2025 年达到 1 万亿元。

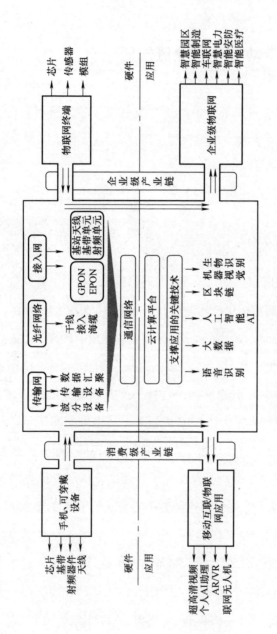

图 2-12　5G 带动产业链发展

# 第 3 章

# 5G 之争

2019 年 6 月 6 日，工业和信息化部正式向中国电信、中国移动、中国联通、中国广电发放 5G 商用牌照，中国正式进入 5G 商用元年。

在通信历史上，有种传言叫"逢单数必死"，也就是说 1G 不行，2G 就可以了，3G 不行，4G 又雄起了。但相信在 5G 时代，这个预言不会应验。为什么这么说呢？

5G 产业在国内外的发展现状或许可以给出答案。

## 3.1　5G 在世界

频谱是产业化的起点，频谱的确定是 5G 商用的重要前提。现在已经有 10 余个国家发放了 5G 频谱，基本上每个运营商享有 100MHz 带宽。到 2020 年，预计主要国家都会完成 5G 频谱的发放。

产业政策上，因为各国的产业政策定位不同，会导致 5G 的发展道路不同。所有国家政府都将 5G 规划看作国家战略、希望通过 5G 提振经济。为什么说 5G 能改变社会？在 1G 到 4G 时代，通信业是服务业，属于第三产业，但到了 5G 时代，5G 将使能各行各业，变成每个行业的生产力之一。从某种程度上讲，5G 将具有第一、二产业的属性，成为国家的支柱产业。5G 将在各个重要的垂直领域和行业建立起新的业务标准，而标准领导者将在建设竞争中占据先机。毋庸置疑，这将带来可观的经济收益，同时，还将创造大量的就业岗位。

但出乎意料的是，在 2019 年这个 5G 商用元年，让 5G 这把火开始熊熊燃烧并引起民众强烈关注的，并不是基础建设厂商或者运营商，而是来自大洋彼岸的美国和它的总统先生。

## 3.1.1　美国：5G 是一场竞赛

在美国看来，5G 是国家战略，是一场国际竞赛。

在 4G 时代，美国是继芬兰之后第二个拥有 4G LTE 综合网络的国家，取得了辉煌的成绩。苹果、谷歌、脸书、亚马逊、奈飞等美国公司利用 LTE 网络带来的大带宽和与之相对应的手机新功能，研发了新的应用程序和服务，推动美国在全球无线和互联网服务领域占据主导地位。美国通过引领 4G 的发展建立了一个由网络供应商、设备制造商和应用程序开发商组成的全球生态系统。

美国总统特朗普在 2019 年上半年的 5G 部署活动中，放出豪言"5G 的竞争已经开始，美国必须赢。"并表示，无线行业计划将在 5G 网络上投资 2750 亿美元，迅速为美国创造 300 万个就业机会，为美国经济增加 5000 亿美元的动力。

而这场竞争的根源，在频谱分配之初便埋下伏笔。

目前，国际上各国主要采用两个频段部署 5G 网络。大部分国家选择 6GHz 以下的频谱，也被称为 "Sub-6"，主要集中在 3GHz 和 4GHz。例如我国所分配的 5G 频谱集中在 2.6GHz、3.5GHz、4.9GHz。一部分国家选择 24G～300GHz 之间的频段，这一波段主要是波长在 1～10mm 的毫米波。例如美国运营商就主要专注于 5G 毫米波部署。

美国选择毫米波或毫米波与 Sub-6 的组合方式有其特殊的历史背景。因为 3GHz 和 4GHz 频谱大部分是美国独有的联邦频段，特别是美国国防部广泛使用的频段。也就是说，在美国过往的通信建设中，Sub-6 频段已经被分配给了不同的行业和部门进行特定类型信息的通信传输，导致其在民用和商用过程中遇到很大阻力。如果要理清这些频段的历史使用问题，无论是腾出还是共享，光在政策上就需要数年时间，而在这几年间必定会延误 5G 的发展先机。

通信行业，是标准先行的行业。先行者建立标准和规范，并引领行业的发展。Sub-6 和毫米波就像两面旗帜，谁有更多的追随者，就意味着谁有更强、更低成本、更成熟的供应链。任何国家在 5G 方面的先发优势，都将会使其电信设备、智能手机以及半导体材料的销售商和供应商的市场大幅增加。而在 5G 频谱上选择的差异，使得这种竞争更接近于非此即彼的 "零和竞争"。

美国的相关部门也在行动。美国联邦通信委员会（Federal Communications Commission，FCC）自 2018 年底便开始加紧频谱拍卖工作，并着手研究 Sub-6 频段的共享使用。另一方面，由于美国绝大部分土地是私有制性质，运营商在基础建设过程中的沟通成本极高，FCC 也在努力提高各级组织的审查速度，以便快速部署 5G 网络。

凭借着国家重视以及历史科技实力的积累，美国依然保持在 5G 第一梯队国家之列。

## 3.1.2 中日韩处于 5G 领先地位

5G 第一梯队国家，除了美国便全部集中在东亚。2018 年平昌冬奥会、2020 年东京奥运会、2022 年北京冬奥会，东亚三国都已经或将采用 5G 技术提供包括赛事直播在内的现场服务。跨越 4 年，世界将接力见证 5G 在视频播放、VR 直播等场景下的能力。

韩国的 5G 进度同样由政府主导。2017 年韩国发布了国家宽带和频谱规划并于 2018 年 6 月完成 5G 频谱拍卖工作。2018 年 12 月 1 日，韩国三大运营商同时宣布 5G 网络正式开启商用，韩国成为全球首个 5G 商用国家。而早在 2018 年 2 月举办的平昌冬奥会就已经被韩国政府定义为 ICT（Information Communication Technology，信息通信技术）奥运会，为赛事观众提供了 5G 体验服务，包括同步观赛：在运动器材和运动员身上安装传感器、高清摄像头并配置 5G 通信模块，将数据实时通过 5G 网络传送，观众可以以运动员的第一视角来观看赛事直播；360° VR 直播：在赛场的不同角落安装全景摄像头，观众通过 5G 网络和 VR 眼镜进行赛事观看，感受沉浸式观赛体验；互动时间切片：在赛场上安装上百个摄像机，通过手机可以进行观看角度的切换，体验不同机位的观赛画面。

日本计划在 2019 年完成频谱拍卖，计划在 2020 年推出商用的 5G 服务，利用 2020 年东京奥运会来展示和测试 5G 网络。日本在 5G 行业应用领域也走在前面，在 2019 年 2 月巴塞罗那世界移动通信大会上，日本运营商展示了包括 5G 医疗、5G 机场安检、5G 车联网等一些比较有创新性的应用。由于日本社会老龄化日益加剧，人力成本越来越高，通过 5G 使能行业，带动自动化替代人工成为日本的刚性需求。日本运营商 DoCoMo 提出围绕 9 大行业的 5G 战略，包括运动、生活方式、养老、工业、教育、移动、健康、金融、旅游。特别是运用 5G 高可靠、低时延的性能特点，发展 5G 机器人远程控制，在各个垂直行业中都有巨大的发展空间。

## 3.1.3 欧洲跌落二三梯队

除了第一梯队的美国及中日韩三国以外，欧洲主要国家也在追赶 5G 部署进度。根据美国国防部国防创新委员会发布的《5G 生态系统：对美国国防部的风险与机遇》一文，英国、德国、法国可以被视为第二梯队，俄罗斯、加拿大则处在第三梯队。欧洲整体 5G 发展相对滞后，无论是政策支持还是资金投入，都无法和第一梯队国家相媲美。

欧洲作为 5G 追随者，可能会选用第一梯队中任意国家的 5G 网络设计和基础设施。美国开始向其欧洲盟友施压，以"安全"为借口要求欧洲各国禁止购买中国厂商所生产的电信设备。虽然部分欧洲国家通过政策手段阻碍中国企业参与本国 5G 建设。但面对中国企业更低的设备成本、更可靠的技术支持、更优质的客户服务，欧洲各国也需要依照正常的市场规律来进行选择。

2019 年 5 月 30 日，英国主要电信运营商之一 EE 公司在伦敦等 6 个英国主要城市开通了 5G 服务，在英国首次使用 5G 信号的视频直播中，就有我国华为公司提供的基础设施。德国、意大利等国家都明确表示不希望将华为排除在 5G 产品供应商之外。对欧洲各国而言，面对本来就已滞后的 5G 部署进度，如果再依靠行政手段增加阻力，或许并不是一个明智的选择。

## 3.1.4 中东地区进展飞速

令很多人意想不到的是，5G 在中东发展十分迅猛。在 2019 年第二季度举办的中东北非南亚电信领袖峰会上，主办方设计的峰会展区主题为"5G 已来"，峰会中透露信息——中东很快就会出现首个 5G 全境覆盖的国家。

前文曾经讲过，5G 在基建规模上将远超前几代通信技术，需要大量的资本投入。"不差钱"是中东能够快速发展 5G 的根本原因与动力。此外，中东地区青少年人口比例高，更容易接受新技术和新的商业模式。这也为 5G 在这一地区的发展奠定人口基础。

## 3.2　5G 在中国

### 3.2.1　政策先行，5G 商用提前

2017 年政府工作报告指出："全面实施战略性新兴产业发展规划，加快新材料、人工智能、集成电路、生物制药、第五代移动通信等技术研发和转化，做大做强产业集群。"第五代移动通信技术就是我们所说的 5G，第一次在政府工作报告中被提及。在随后两年的政府工作报告中，均提出了加快 5G 发展的要求。尤其是 2019 年的省级政府工作报告中，共 26 省指出要加快 5G 商用进程。

频谱资源方面，2017 年 11 月，工业和信息化部发布了 5G 系统频率的使用规划，将 3.5GHz、4.8GHz（即前文所述的 Sub-6）频段作为我国 5G 系统部署的主要频段。2018 年 12 月，工业和信息化部向中国电信、中国移动、中国联通发放了 5G 系统中低频段试验频率使用许可。

根据规划，中国 5G 试验将分两步走：第一步是 2016 年到 2018 年底，为 5G 技术研发试验，主要目标是参与支撑 5G 国际标准制定；第二步是 2018 年到 2020 年底，为 5G 产品研发实验，主要目标是开展 5G 预商用测试。在原计划中，2020 年 5G 正式商用。但面对 2019 年初便掀起的 5G 浪潮，我国相关部门也在加紧推出相关政策进行应对，加快我国的 5G 发展速度。

第一步就是提前发放 5G 商用牌照。

2019 年 6 月 6 日，工业和信息化部正式向中国电信、中国移动、中国联通、中国广电发放 5G 商用牌照，我国正式进入 5G 商用元年。

提前发放牌照，释放了我国在 5G 竞争中绝不退让的信号。但我国发展 5G 更注重国际合作。工业和信息化部强调："在技术规范制定阶段，诺基亚、爱立信、高通、英特尔等多家国外企业已深度参与，在各方共同努力下，我国 5G 已经具备商用基础"，"欢迎国内外企业积极参与"。5G 发展是我国科技创新的一个缩影，在自主创新的同时也秉承开放共赢的理念。

## 3.2.2 从追随者到引领者

从"1G 空白、2G 跟随、3G 突破"到"4G 同步、5G 引领"，我国通信行业实现了跨越式发展。毫无疑问，我国在 5G 发展中的领先地位有目共睹，并开始成为全球 5G 发展的领军国家。

截至 2019 年初，在 5G 标准立项并且通过的企业中，中国移动

10 项、华为 8 项、中兴 2 项、中国联通 1 项，合计 21 项；而美国的高通＋英特尔只有 9 项，除我国外的所有国家合计 29 项，我国的标准立项已经占到 40% 以上。我国在 5G 标准、技术、产业建设上都初步建立了优势。2019 年伊始，我国便有多个城市开启了 5G 网络试用。面向行业，从 5G 智慧电网、5G 智能电厂到 5G 自动驾驶、5G 智慧医疗等 5G 垂直场景结合案例层出不穷。

我国三大运营商也是纷纷提早布局 5G 发展。2016 年 2 月，中国移动成立 5G 联合创新中心，联合通信及垂直行业伙伴共同构建合作共赢的融合生态；2018 年 8 月，中国联通成立 5G 创新中心，聚焦视行业领域进行 5G 应用研究；2018 年 9 月，中国电信发布"Hello 5G"行动计划，致力打造 5G 智能生态。与此同步，三大运营商也在各地陆续展开 5G 测试，积极进行 5G 基站规划建设。

在 5G 产业链上，我国还拥有世界顶尖的优秀企业。其中，华为公司作为 5G 产业链上最优秀的代表之一，拥有上千项在技术层面无法避开的 5G 标准必要专利。近年来随着 5G 在全球各国的演进，截至 2019 年 5 月，华为公司已在全球签订了 40 多个 5G 合同，5G 基站全球发货超 7 万个，成为全球最大的 5G 厂商。

在经济社会直接贡献方面，预计 2020—2025 年期间，我国 5G 商用直接带动的经济总产出可达 10.6 万亿元，直接创造的经济增加值达 3.3 万亿元；间接贡献方面，预计 2020—2025 年期间，我国 5G 商用间接拉动的经济总产出约 24.8 万亿元，间接带动的经济增加值达 8.4 万亿元；就业贡献方面，预计到 2025 年，5G 将直接创造超过

300 万个就业岗位。

5G 也将为"一带一路"沿线国家的经济发展做出贡献。"一带一路"沿线大部分国家通信技术较为落后，但对信息服务有很大需求，5G 技术对于改善和提升当地通信环境具有较大优势。5G 技术将推动相关国家实现电信基础设施的跨越式发展。

## 3.3　5G 在中国移动

伴随 5G 发展，信息通信技术正从助力经济发展的基础动力，向引领经济发展的核心引擎加速转变。中国移动作为全球网络规模最大、用户数量最多、品牌价值领先的电信运营企业，坚持将科技创新作为创建世界一流企业的关键动力，在推动我国通信技术产业从跟随、突破、并跑到力争引领的发展过程中发挥了重要作用。

### 3.3.1　5G 发展主力军

早在 2012 年，中国移动就启动了 5G 研发，围绕 5G 场景需求定义、核心技术研发、国际标准制定、产业生态构建，应用业务创新开展了大量工作，成为 5G 发展的"主力军"，为 5G 商用奠定了坚实基础。

在 5G 标准化领域，中国移动从需求到标志性技术再到架构设计，已成为了国际标准主航道的主力军。由中国移动牵头完成编制的《5G 愿景与需求》白皮书，提出的 8 大 5G 关键性能和效率指标被 ITU 采纳、成为全球共识，是我国首次牵头制定新一代移动通信技术应用需求。中国移动在 ITU、3GPP 中牵头 32 个关键标准项目，在全球电信运营企业中排名首位；累计提交标准提案 2700 余篇，在全球电信运营企业中网络领域提案数排名第一、无线领域提案数排名第二；申请 5G 专利超 1000 项。由中国移动牵头的 5G 网络架构标准成为首次由中国公司主导的新一代移动通信网络架构。中国移动技术专家在 ITU、3GPP 等国际组织机构中担任多个重要职务，有效提升了我国在 5G 国际标准化领域的地位和影响力。

在 5G 产业引导方面，中国移动充分发挥在全球信息通信业的影响力，推动我国在中频段 5G 产业方面形成优势；最早带动产业开展 5G 最核心技术之一的大规模天线技术研发，使中频段 5G 基站成熟时间提早一年；发起设立 5G 创新产业基金，总规模 300 亿元，首期 100 亿元已募集多家基金参与，聚焦重点应用领域，引导中频段 5G 产业生态加速成熟；启动"中国移动 5G 终端先行者计划"，联合产业推出了十余款 5G 手机和数据终端，预计在 2019 年内推出超过 30 款，并逐步推动终端价格下降。

在 5G 规模试验方面，中国移动积极推进 5G 规模试验，保障我国 5G 网络建设保持全球领先地位：在杭州、广州、上海、武汉、苏州 5 个城市启动 5G 网络规模试验，整合全球端到端产业力量，建立业界最全面最严格的测试体系，为打造高质量 5G 精品网络夯实基础；在北京、重庆、天津、深圳、雄安等 12 个城市地区开展 5G 业务示范试验网建设，围绕工业互联网、智慧能源、智慧交通、智慧医疗、智慧金融、智慧媒体等 14 个行业开展 5G 业务示范。

## 3.3.2　全面实施"5G＋"计划

5G 不是简单的"4G＋1G"，而是要为跨领域、全方位、多层次的产业深度融合提供基础设施，充分释放数字化应用对经济社会发展的放大、叠加、倍增作用。

2019 年 6 月 25 日，中国移动召开"5G＋"发布会，中国移动将全面实施"5G＋"计划。加快推动 5G 发展，助力产业升级和经济高质量发展，为广大人民群众提供更精彩、更优质的信息服务，为建设网络强国、数字中国、智慧社会贡献力量。为此中国移动将率先做到四个推进。

- **推进 5G＋4G 协同发展**。推动 5G 和 4G 技术共享、资源共享、覆盖协同、业务协同，加快建设覆盖全国、技术先进、品质优良的 5G 精品网络。中国移动加快建设全球最大规模 5G 网络。中国移动拥有 2.6GHz 和 4.9GHz 频段用于 5G 建设，2019 年计划在全国建设超过 5 万个基站，在超过 50 个城市实现 5G 商用服务，2020 年，将进一步扩大网络覆盖范围，在全国所有地级以上城市提供 5G 商用服务。同时全面提升 5G 端到端网络品质和服务能力，持续推动 5G 技术标准发展。

- **推进 5G＋AICDE 融合创新**。推动 5G 与人工智能（A）、物联网（I）、云计算（C）、大数据（D）、边缘计算（E）等新兴信息技术深度融合、系统创新，打造以 5G 为中心的泛在智能基础设施，构建连接与智能融合服务能力、产业物联专网切片服务能力、一站式云网融合服务能力、安全可信的大数据服务能力、电信级边缘云服务能力，加速 5G 和 AICDE 各领域的相互融通、深度融合，将会充分发挥乘数效应，更好地服务各行各业高质量发展。

- **推进 5G + Ecology 生态共建**。中国移动将全面构建资源共享、生态共生、互利共赢、融通发展的 5G 新生态。深入推进 5G 产业合作，携手共建 5G 终端先行者产业联盟、5G 产业数字化联盟、5G 多媒体创新联盟，创新推出 5G "BEST" 新商业计划。5G 产业数字化联盟方面，将推出百家伙伴优选计划、百亿资金腾飞计划、千场渠道推广计划、优惠资源享有计划，并设立总规模为 300 亿元的 5G 联创产业基金，提供产业创新基本支持。

- **推进 5G + X 应用延展**。通过 "5G + 4G" "5G + AICDE" "5G + Ecology"，来实现 "5G + X"，加速推动 5G 在更广范围、更多领域的应用，实现更大的综合效益。面向各行各业，中国移动将推出 "网络 + 中台 + 应用" 5G 产品体系，打造 100 个 5G 示范应用，加速推动 5G 与各行各业深度融合。面向百姓大众，推出 5G 超高清视频、超高清 5G 快游戏、超高清视频彩铃等业务，更好地满足美好数字生活需要。

# 第 4 章

# 5G 落地

在 4G 时代，以面向消费者为切入点，讲究规模优势。

5G 则是为行业而生，在 5G 成熟的时代，讲究价值创造，创新是驱动力。

## 4.1 5G，为行业而生

### 4.1.1 从全民热情到行业热情

2019 年是 5G 商用元年，在这一年的伊始，就可以感受到全社会对 5G 产生了巨大的热情。一夜之间，所有人都在讨论 5G。

2018 年，3GPP 的 R15 版本标准冻结。在冻结之初，市面上就已经出现了 5G 的芯片和手机。这是什么概念呢？在通信发展的历史中，都是有了标准、建好了网络，等了好多年才有手机（终端）和业务，在 3G 时代，在标准冻结之后的第三年才出现了第一款 3G 手机，而 5G 时代，主流芯片厂商基本都在 2018 年底或 2019 年初推出了 5G 终端芯片。现在，我们是先有了手机和业务需求，都在积极的期盼着，成熟的网络在哪里？从这一点，我们可以窥探出市场和产业界对 5G 的态度。

但想象永远没有现实精彩。就像在过往的几年中，没有人会想到 4G 在如此短的时间内，带动起了视频和直播行业，创造了如此巨大的流量需求。在 4G 时代，以面向消费者为切入点，讲究规模优势。5G 则是为行业而生，在 5G 成熟的时代，讲究价值创造，创新是驱动力。

一个向上的企业，一定是走在数字化转型前列的企业。通信和广泛的连接，是转型的基础。在与很多大型企业的沟通交流中，一线客户经理也总能惊奇地发现，客户侧在推动 5G 业务合作上的热情已经如此高涨。客户不谈 5G，就会担心网络是否能够低成本、健康可持续地发展下去。客户甚至会放出豪言：“我们必须在行业中最先试用 5G！”仿佛错失 5G 先机，自己的行业地位就会不保。运营商在 5G 行业需求挖掘上所需要做的工作似乎也“少”了很多，还没等技术交流结束，客户自己就把需求点想得清清楚楚，催着赶快来试点验证。

行业对 5G 的热情和开放态度，也为 5G 这一新兴的通信技术在垂直行业落地奠定了坚实的基础。

## 4.1.2　5G 使能行业

在 5G 之前，每一代新的通信技术革新都包含着空口革新和传输速率的提升。但 5G 跳出了单纯的通信连接的范畴。5G 技术结合了大数据、人工智能、物联网技术，可以和垂直行业实现深度融合。

5G 的三大特性中，增强移动宽带场景（eMBB）提升用户体验速率，是大众市场的个人用户最直接感受到的提升，归根到底还是"人"的连接能力。而另外两个特性——低时延高可靠通信（uRLLC）场景、低功耗大连接（mMTC）场景则实现了"物"的连接，在网络连接、速率、覆盖、功耗、成本方面实现颠覆，这些都是行业用户的基础连接需求中的持续痛点所在。

通过 5G 技术使能行业，在产业层面的应用，工业互联网最具代表性。工业互联网要求将连接对象延伸到整个工业系统，要求实现智能化生产、网络化协同、个性化定制、服务化延伸。在中央经济工作会议提出的 2019 年重点工作任务中，"推动制造业高质量发展"被排在首位，强调"加大制造业技术改造和设备更新，加快 5G 商用步伐，加强人工智能、工业互联网、物联网等新型基础设施建设。"

## 4.1.3　5G 行业落地突破口

5G 行业落地，涉及众多垂直行业。手机实现了通信产业与人的结合，手表、车辆、摄像头、家电、机械、机器人等则成为手机以外的各类泛终端，成为 5G 与行业深度融合的载体。

5G 核心应用涉及内容众多，如图 4-1 所示。2020 年前属于 5G 发展初期，主要需求集中在移动监控、高清视频、云 VR 游戏、智慧工厂与 AGV（Automated Guided Vehicle，自动引导运输车）领域，此类业务发展相对成熟，除 AGV 外均属刚需、高频业务。2020—2025 年属于 5G 发展中期，5G 网络已普遍商用，开始大规模建设，

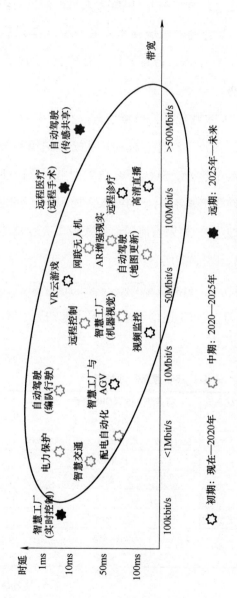

图 4-1 5G 核心应用对带宽和时延的需求情况

在增强现实、远程医疗（远程诊断）、网联无人机、智慧交通、自动驾驶（有一定限制）、智慧电网领域逐步发展。2025 年以后，对时延有严格要求的远程医疗手术、智慧工厂实时控制、L4/L5 级自动驾驶才有可能逐步成熟。

5G 行业选择的三大原则包括：市场空间、行业集中度、5G 诉求。在市场空间方面，该行业应存在较大行业潜在销售空间；行业集中度方面，集中度高的客户，其头部客户实力更强，往往也意味着在产业面向数字化转型方面有更高的投入意愿和更清晰的通信革新目标规划；5G 诉求方面，如果当前通信方式投入高、功能差，则更可能针对 5G 通信提出明确的场景诉求。

总体而言，智慧能源、工业互联网、车联网行业因潜在销售空间大、行业革新驱动力大、5G 通信诉求强等因素，成为 5G 服务发展的重点行业，见表4-1。

表 4-1　5G 服务行业情况

| 行业类别 | 带来销售-2025/亿美元 | 行业集中度（CR8 指数）2017 | 对 5G 诉求 |
|---|---|---|---|
| 能源 | 1010 | >60%（电力） | 高 |
| 制造 | 1130 | 机械49%，通信82%，汽车制造63% | 高 |
| 车联网 | 480 | 汽车63% | 高 |
| 公共安全 | 780 | NA | 中 |
| 公共交通 | 740 | 56.2% | 中 |
| 媒体娱乐 | 620 | －60% | 高 |
| 金融服务 | 300 | 80.7% | 中 |
| 健康 | 760 | 36.7% | 中 |

来源：德勒研究，2018。

## 4.2　5G 在制造业

随着新一代信息技术的发展，人工智能、大数据、云计算、5G、MEC（Multi-access Edge Computing，移动边缘计算）等新技术与传统制造业逐渐融合。时代需求驱动传统制造业不断向信息化与智能化转型升级。工业互联网破空而出，作为互联网下半场的中坚力量影响社会，进而改变全球的智能化进程。

### 4.2.1　应对未来挑战

5G 网络性能的全面提升赋予工业制造更多可能，为其带来"以移代固""机电分离""机器换人"三大需求。

**以移代固，助力柔性制造**——工厂内各生产工序的产能不完全匹配，随着消费者对高质量、定制化产品需求不断增长，生产管理的复杂度和规模性也发生了较大变化。为迅速响应市场多样化和不确定需求，产线必须具备可随时调整的"多品种、小批量"定制化

67

生产能力。用"无线"代替"有线"的通信方式，可更灵活地部署产线上的设备单元，实现柔性生产，提高定制效率。

**机电分离，设备快速迭代——**设备的机器控制单元与固化了指令、算法的电子单元在匹配升级时需消耗大量时间与人力。如果把工厂设备与算法分离，算法放置于云端，将大幅降低定制化设备的成本；同时，在云端提升原本电子单元的算力，将促进产线设备向标准化接口单元的迭代升级，扩充设备的定制化生产类别，提升设备本身的生产能效。

**机器换人，实现降本增效——**在标准化产线中，人较于机器的生产效率低，且出错率高，通过机器换人的方式，可以大大提升产线生产效率。人工环节通过自动化"装备 + 系统"进行替代，可实现自动命令控制、远程人工操作、机器人巡检等相关应用。同时，强化了生产输出的标准，避免了人力执行时的不确定性，最终实现生产流程的高效化、低成本化。

5G 网络相比有线网络、WiFi 或 4G 网络具备了更多优势，例如更高的移动性、灵活性，更简单的网络管理以及更低的构建成本。5G 技术的迅猛发展切合了传统制造企业在智能制造转型过程中对无线网络的应用需求，其具备的高带宽、低延时的特性，能更好地满足工业环境下的设备互联和远程交互等厂内应用需求，并且为 AI、边缘计算等能力提供了更好的网络支持，为企业构建高效的无线网络提供了可能。

5G 授予生产系统快速反应能力，以敏捷和柔性应对未来挑战。

特别是在工业互联网时代，在 5G 技术高带宽、低时延、海量连接的基础上，关键资源百分百连接，资源动态灵活调度。自动化释放人的双手，数字化释放人的大脑，移动化全面改变现有的生产模式。针对互相联通的生产资源的需求，提供无线充电、无线授予时间、无线定位。5G 连接，将渗透到生产制造消费的各个环节，实现产品数据流、生产信息流、制造工艺流的打通和融合。最终通过"感知的端，融合的网，制造的云，智慧的数"在内的一体化工业互联网解决方案，使智能制造改变我们的生产模式。

## 4.2.2 5G + 机器视觉

机器视觉是人工智能的一个重要分支，简单来讲就是指用机器代替人眼做测量和判断。其通过摄像机拍摄获取图片信息，通过算法分析图片信息，智能判断决策和机械控制执行命令。在日常生活中，有一个机器视觉场景大家一定都见到过，那就是停车场进出口的车牌验证。当然，由于车牌格式高度统一，车牌内容范围确定，车牌验证只能算是机器视觉的入门场景。

在制造行业，机器视觉更加复杂。典型的场景包括机器臂引导、工件螺栓漏拧的缺陷检测、布匹材质缺陷检测、铭牌识别等。这些场景中，通过部署 5G 边缘计算 + 机器视觉缺陷检测，代替了人工的巡检和视检，提升数据传输速度及能力，随时监控运行状态。

5G 边缘计算之于机器视觉，我们可以从量变和质变两个角度来看。

分析、控制速度更快，是为"量变"。机器视觉对网络时延
（20ms 以内）和网络带宽（80Mbit/s）都有明确要求，需要在工厂
就地部署 5G 基础网络和边缘计算能力。高清工业相机和图像处理器
可通过高速 5G 通道，实现稳定传输，并将视觉处理后的数据结果返
回 5G 网络，传输至自动化控制设备。

设备终端轻量化，是为"质变"。传统机器视觉场景下，都是单
机视觉监测。也就是"看"和"想"的比例是 1:1，一个图像采集
前端（摄像头）配一个处理单元（工控机）。而通过边缘计算，可
以将算法处理统一规划到边缘端，产线机器视觉应用点只保留工业
相机，取消单独的工控机，工厂或园区统一部署边缘计算硬件及
能力。

MEC 中的"E"，即是边缘计算中的"边缘"，这个"边缘"是
核心网的"边缘"，但在机器视觉场景中，边缘计算处理器可一点都
不边缘，当上了所有图像采集终端的总控制"大脑"，一个"大脑"
支撑多个设备终端。以前，运维或算法更新迭代，要一个一个处理，
通过 5G 边缘计算和云化的处理能力，则可以统一安排，有效降低布
线、硬件成本，减少算力浪费。

## 4.2.3　5G + 远程现场

有人戏称 2G 时代是"现场.txt"；3G 时代是"现场.jpg"；4G

时代是"现场.mp4";5G 时代？我们就在现场。

在 4G 时代，移动互联网拉近了线上、线下的距离，实现"永远在线"。5G 时代，万物互联将让我们同步感知虚拟世界和现实世界，虚拟和现实将充分融合，体验不再受时间和空间的限制，实现"永远在场"。

要实现沉浸式的现场体验，AR 眼镜的显示内容必须与 AR 设备中摄像头的运动同步，以避免视觉范围失步现象。通常从视觉移动到 AR 图像反应时间低于 20ms，会有较好的同步性，所以要求从摄像头传送数据到云端再回传至 AR 显示的时延小于 20ms。考虑到屏幕刷新和云端处理的时延，需无线网络的双向传输时延在 10ms 内才能满足实时性体验的需求。5G 网络可以很好地满足上述需求。

借助 5G + AR，实现远程运维指导和应急指挥。针对大型机械的运维管理，对运维人员的技能要求极高，专家资源也相对稀缺，无法及时赶到运维现场。通过 AR 远程运维指导，一线作业人员所佩戴的 AR 设备成为专家的眼睛，及时采集现场图像信息。一线作业人员与远程专家进行实时双向音频视频通话，在远程专家指导下解决问题。

借助 5G + AR，实现设备装配辅助工作。在高端复杂设备研制中，装配工作占工作量的 40% ~ 50%，通过 5G 通信，运用 AR 技术实现 3D 虚拟模型与真实零部件在佩戴者眼中 1:1 虚实结合，动态展示零部件的标注信息，提高装配效率。前端工作人员佩戴 AR 终端设备，对相关工作场景进行第一视角拍摄，把相关的视频资料通过 5G 传递给工厂的边缘计算服务器,服务器根据用户类型对数据进行识别和运算,把相关数据通过 5G 网络回传到 AR 终端设备,通过定位叠加技术,在需要显示的地方进行 AR 融合显示。我们可以理解为将纸质说明书改成了与现实情况相结合的动态说明指导,无疑大大减少了装配人员理解和记忆压力,降低错装漏装概率。

借助 5G + AR,提升设备点检准确率及效率。为了维持生产设备的原有性能,点检人员需按照预先设定的周期和方法,对设备的规定部位(点)进行有无异常的预防性检查。通过算法优化点检流程,为点检人员进行线路设定。结合前文介绍过的 5G + 机器视觉,在云端进行设备状况分析,对异常情况进行告警。

以上三个场景中,远端支撑的可以是人,可以是指标画面,也可以是云端的直接分析结果。近端的 AR 佩戴者,承担了"人肉"摄像支架的功能,是"眼睛"的延伸。不可否认,在现阶段拍摄获取现场画面方面,人的操作更加灵活。而现场操作方面,近端人员会根据不同的场景情况承担起不同程度的工作,也就是作为"手"的延伸,程度各有不同。将远端和近端分别推向极致,则是彻底的去人化,这将是更加远景的未来。

放眼当下,在 5G 网络低时延、大带宽、海量连接的能力支持下,AR 眼镜对主芯片的计算能力需求大大下降,将带动主芯片成本下降。同时设备的云端能力提升,本地存储的需求也同时下降,可以将现在的主流 256GB 存储下降到 8GB 存储。终端运算能力下降后,电池续航的需求也可以进一步减少,电池将有可能变得更轻更小。5G 对 AR 终端产品的改变，一方面推动成本降低，另一方面也使产品更轻便，实现了 AR/VR 眼镜从"胖"终端向"瘦"终端的转变，极大拓宽了应用的场景与适用人群，继而推动整个产业的发展。

## 4.2.4　5G + 远程控制

工程机械设备在抗震救灾、有毒环境、危险隧道、灭火救援、悬崖开路、爆炸现场清理等各种特殊工况作业施工中，驾驶人员面临的巨大危险。所谓"设备有价，生命无价"，为了在驾驶人员能完成施工救援作业的前提下，最大程度消除他们人身受到的威胁，远程操控工程机械需求旺盛。

同时，现阶段我国仍处在高级技术人员严重不足的阶段，高级技术人员的分时复用将解决人力资源不足的问题，而工程机械操作手在选择服务企业时，也会对企业所在工作环境进行双向选择。想象一下闷热夏季的垃圾填埋现场，就可以理解此类工作招聘的难度。远程操控工程机械将从根本上解决这些单位在人力供需上的难题。

4G 时代由于无线通信时延偏高、带宽不足，远程操控仍多以有线通信的方式来进行控制指令和视讯信息的传输。这样不仅延长了工程机械远程操控的部署时间，也阻碍了远程操控技术本身灵活多变的特点和处理能力。具体存在的问题如下：

## 1. 时延难保障，远程现场感不足

在工程机械远程操控过程中，需要借助一些视讯能力为远端的操作手安上"千里眼"，但根据现有的传输能力需求，如果用有线的方式进行数据传输，标准的建设周期需要在半个月到 1 个月左右，不仅耽误工期，还存在很多不确定性建设因素；而 4G 通信时延在 250ms 以上，远程操控画面延迟明显，操作手远程操作时，动作与呈现的实际画面无法连贯，对操作手的手眼配合要求极高，否则无法完成实际意义的工程机械操控动作。

## 2. 上行带宽低，远程视界不清晰

在 4G 之前的移动通信时代，以个人市场需求为主。大家下载电影，在线观看视频都凸显了对下行带宽的需求。但对于行业而言，上行带宽将直接影响行业的支撑效率。在工程机械远程操控技术中，现阶段还需要有线网络的支撑，以确保操控过程中包括前 1、前 2、左、右共 4 路 1080p 视频信号的传输，4G 的上行带宽能力难以支撑，而大带宽的专线虽然能够满足需求，但缺乏灵活部署能力，后期也难以复制推广。

在工程机械远程操控的技术发展过程中，5G 通信低时延、大带宽的通信保障，同时结合边缘计算技术建立基于 5G 的工程机械远程操控方案，则会有效解决以上通信网络难题。

# 4.3　5G 在能源行业

　　能源是当今经济社会发展的重要物质基础。人类对能源的利用，从薪柴、煤炭、到石油、天然气等化石能源，再到水、风、太阳能等清洁能源发电，每一次变迁都伴随着人类生产力的巨大飞跃和文明的重大进步。进入"十三五"规划时期，国家对能源发展提出创新、协调、绿色、开放、共享的要求。以能源互联网为代表的新一轮能源革命蓬勃兴起。

## 4.3.1　能源——5G 行业应用种子选手

　　能源行业作为国民经济的基础行业，关系国家安全和国民经济命脉。由于集中化运营要求高，成本投入高，能源行业集中度较高，如图 4-2 所示。以石油化工为例，我们常说的三桶油（中石油、中石化、中海油）作为石化行业排名前三的企业，CR（Concentration Ratio，行业集中度）超过 70%，也就是说石化行业前三大企业所占市场份额总和超过 70%。

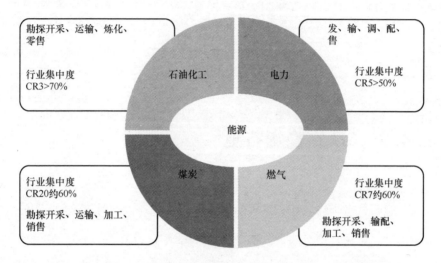

图 4-2　能源行业集中度高

较高的集中性，意味着头部企业更强的综合实力，往往也代表着更高的信息化投入意愿。尤其是在能源互联网快速发展的背景下，大量实力雄厚的能源企业开始主动探索 5G 网络与行业的结合场景。

能源行业关系国计民生，点多面广，在其业务网络末梢处有大量传感器进行信息采集、故障排除等工作，而且这种需求是持续稳定的。5G 三大业务场景，不同行业各取所需，但一般情况都是仅取一二便已足够。能源行业产业链长而紧密，轻松集齐 5G 三大业务场景。构建能源互联网需要提升能源生产过程中的智能化水平，增加能源生产与消费两大环节的互动性，提升能源系统的可测、可视、可管、可控能力。因此，能源互联网对于网络提出了更高要求。

以电力为例，发电、输电、变电、配电、用电一气呵成，既包括局域封闭环境，也包括广域开放场景。5G 网络可以为能源客户提供定制化组网以及差异化无线服务，特别是 5G SA 独立组网方式下，将为能源客户提供包括网络隔离、低时延、数据不出厂、安全加密等多种增值业务。电力行业场景通信需求情况见表 4-2。

明确的需求场景和较高的行业集中度，带来更旺盛的行业需求以及更广阔的市场前景。能源行业无疑是 5G 行业应用的种子选手。

## 4.3.2 5G 实现广域信息互通互联

北至黑龙江大庆油田、南至澜沧江梯级电站，西至达坂城的风力发电厂，东至渤海海上钻井平台，无论是生产端还是消费端，能源行业都具有点多、面广的特点。广域，是能源行业的天然属性，如图 4-3 所示。

例如在电网这张"大网"上，既有作为骨干的输电主网，也有丰富的延伸到行政区末梢的配电网。现阶段，电网主网基本实现光纤覆盖，但在 35kV 以下的配电侧光纤覆盖率较低，而 90% 的停电却发生在最后 5km。主网光纤覆盖成本尚可承受，配电侧点多面广，光纤网络接入成本极高。随着智能电网的发展，传统光纤网络已无法满足配用电网"泛在化、全覆盖"的通信要求。显然通过无线网络覆盖来提升配网自动化率是最高效的方法。

表 4-2　不同电力场景的差异化通信需求

| 业务场景 | | 带宽 | 时延 | 可靠性 | 同步 |
|---|---|---|---|---|---|
| 低时延高可靠场景（uRLLC） | 差动保护 | ≥2Mbit/s | <15ms<br>抖动 ±50μs | 99.999% | 时间同步精度 <10μs |
| | 配网自动化 | ≥2Mbit/s | <50ms | 99.999% | 无 |
| | 精准负荷控制 | 48.1kbit/s ~ 1.13Mbit/s | <50ms（单向） | 99.999% | 无 |
| 业务场景 | | 带宽 | 时延 | 可靠性 | 连接数量 |
| 低功耗大连接场景（mMTC） | 用电信息采集 | 10kbit/s ~ 100kbit/s | 0.5 ~ 5s | 一次采集成功率 ≥97%，遥控正确率 ≥99.99% | 几百个/km² |
| | 配网状态监测 | 1kbit/s ~ 10kbit/s | 百毫秒至秒级 | 99.99% | 几百 ~ 几千个/km² |
| | 实物 ID | 100kbit/s ~ 2Mbit/s | 秒级 | 99.99% | 几万个/km² |
| 业务场景 | | 带宽 | 时延 | 可靠性 | |
| 增强移动宽带场景（eMBB） | AR/VR 智能巡检 | ≥30Mbit/s | <50ms | 99.9% | |
| | 机器人巡检 | ≥2Mbit/s | <300ms | 99.99% | |
| | 无人机巡检 | 4 ~ 10Mbit/s | <200ms；无人机飞控操作时延 <10ms | 视频数据 >99.99%；无人机遥控 >99.999% | |
| | 视频监控 | 4 ~ 10Mbit/s | <200ms | 99.9% | |

**图 4-3　能源行业开放场景**

能源行业关系到国计民生的方方面面，对网络的安全性、时效性、可靠性要求极高，所以国家也会向能源企业分配一定专用频谱资源，能源重点客户可以选择自建广域无线专网来实现远程管理和控制。

自建无线专网也存在一定问题。一方面，自建网络面临着建设、运维成本高、配置灵活性差的问题。另一方面，只要是无线网络，必然涉及频谱资源。从国家高度来看，频谱资源是有限的，需要宏观的把控和管理。

所以，如果能够利用公共频谱资源而实现专网的业务要求，将会为企业和整个社会都节约大量成本，这既包括以租代建的直接成本压缩，也包括节约频谱资源所带来的远期成本控制。

运营商提供的 5G 专网可以为能源客户的不同场景需求规划无线资源以及核心网络资源，提供差异化无线资源和网络架构。例如配电控制类场景要求通信时延在 10ms 以下；电网综合检测与故障定位以及消费端的用电信息采集，连接数达亿级；无人机巡检需要对变电站、线路、配电房等设施进行视频拍摄和传输，带宽需满足 100Mbit/s 的传输速率。5G 专网根据各频段的公网频率特点，依托公网资源和设施，可以在不同频段分别形成低成本共享频率的虚拟专网或高性能的专有频率的物理专网。

5G 通过网络切片实现的专属通道，为给定租户提供了一个全面的端到端虚拟网络，更有效保证了信息的传输及安全性。依托大网资源对能源行业用户提供 5G 行业专网，与大网其他业务物理或者逻辑隔离。通过统一平台进行切片定制、管理和监控，实现能源企业对于业务整体把控，促进行业信息化和自动化进程。

## 4.3.3　5G 确保行业数据安全与隔离

发电厂，炼化厂、加油站、矿山等作业环境是典型的封闭场景。在这一类作业园区的内部，无论是生产还是业务管理，企业都有数据不出厂的信息安全需求。在现有技术下，一些能源客户会选择自建 WiFi 的方式来解决封闭环境下的无线传输问题。但大多园区或厂区都是多层钢结构，WiFi 穿透性差、不稳定。更不要说井下矿区这种地质环境复杂，炼化厂这种检测设备多强电对弱点干扰严重的区域，WiFi 就更加难以胜任。

生产控制、数据采集、智能安防、智能巡检等封闭环境下的能源业务场景，对数据管理提出了应用本地化、数据不出厂、专网和公网互通、生产区域室内室外连续覆盖的需求。针对这一类场景，可以采用核心网下沉的方式，将核心网用户面下沉，实现用户数据的全面安全隔离，提供相比行业自建 WiFi 或无线专网更加优质可靠的电信级服务保障。这里的"下沉"就是指将核心网计算单元部署在客户侧，结合边缘计算技术对公网数据和专网数据进行分流——专网数据分流至企业 IDC，不必在公网跑一圈；公网数据则分流至互联网。从而兼顾现场数据安全隔离需求和公网访问需求。

能源行业对数据的管理需求，不仅停留在类似封闭场景下的数据不出厂，也包括开放场景和封闭场景之间的数据隔离和控制。

以电力为例，其业务场景可分为生产控制大区和管理信息大区两大类。根据《电力监控系统安全防护总体方案》（国能安全〔2015〕36 号）的要求，电力业务的安全总体原则为安全分区、网络专用、横向隔离、纵向认证。相应地，生产控制大区业务需与其他业务进行物理隔离，各大区内部不同业务之间需进行逻辑隔离。如图 4-4 所示。

5G 的差异化网络架构，还可以针对能源这一类特大型行业建设独立的专用核心网，实现客户不同业务之间的隔离，进一步提升数据安全。在核心网侧，为电网部署两套专用核心网，分别承载生产

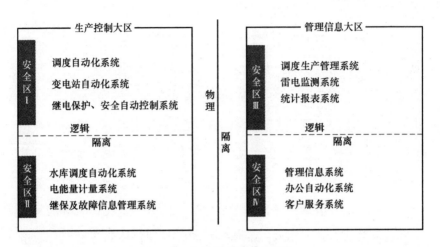

**图 4-4　电网业务隔离度要求**

控制大区与管理信息大区业务。在传输侧，为不同业务大区间提供高安全等级的刚性隔离通道；在同一业务大区内通过划分 VLAN（Virtual LAN，虚拟局域网）等方式实现不同业务间的逻辑隔离。在无线侧，对于某些特定区域或特殊场景，通过划分专属频段实现业务隔离，或通过配置 QoS（Quality of Service，服务质量）来实现电力业务的优先级调度。

当 5G 网络的灵活性遇到能源行业场景多样性，运营商将为能源行业客户提供更多维度的运营服务能力。帮助能源客户以更低的成本，更高效的部署方式，实现通信管理和业务控制。

结合 4.9GHz 专属频段，设计基于 3GPP 标准移动通信组网下的 5G MEC 平台，构建面向新能源电站生产控制大区的定制化企业专网，实现生产数据高频次多维度的采集以及低时延高可靠的控制，降低施工维护成本，提高数据接入灵活性。

设计面向不同类型业务的公网切片管理平台，提供面向新能源电站管理信息大区的专用切片资源，实现管理数据百兆级以上的高清实时回传以及百毫秒级以下的远程操控作业，拓展智能化应用场景，提高生产运营效率。

将 MEC 平台和切片管理平台能力开放，使企业用户对所订购业务可视可管可控。发电企业用户可利用运营商提供的各种开放能力（包括网络切片定制设计、MEC 平台能力、运行监控能力，公网运营商开放给用户的各类数据，以及通信终端或模组采集的各类数据），实现电力通信终端的连接管理、设备管理、业务管理、专用网络切片管理、认证和授权管理等创新业务，更好地支撑智慧新能源电站运营管理。

## 4.4　5G 在其他行业

　　5G 网络低时延、高带宽、大连接的技术优势将重构整个社会。无处不在、无时不在的高速网络，将实现数据的实时连接互通，可靠安全传输。将 5G 技术嵌入垂直领域的不同需求场景，可以解决垂直行业发展中海量数据的采集、传输、处理等难题，推动各行业实现转型升级发展。

　　除制造业以及能源行业外，5G 技术也与其他行业加快融合，积极地影响和改变着我们生活的方方面面。

### 4.4.1　5G 在交通行业

　　在智能交通领域，万物互联的时代传统汽车市场将面临变革，车联网正在从车载信息服务向自动驾驶发展，而 5G 的能力让网联自动驾驶成为可能。自动驾驶的实现需要由车辆对复杂环境的实时感知以及实时计算决策来保障，这对当前的技术提出了以下需求。

1. 更完善的环境感知能力：目前基于单车智能的自动驾驶车载传感器感知范围有限，在高速场景、复杂场景（街角、路口等）有感知盲区，在特殊环境下（雾、雨、雪天等）易受干扰，因而需要进一步提升车辆的环境感知能力，从而保障复杂环境下自动驾驶的安全性。

2. 更高性能的计算能力：复杂道路环境与行驶状况的感知都对自动驾驶计算能力、环境感知和建模以及驾驶决策等任务提出了更高要求，而车辆由于车体空间、能耗、散热等问题存在计算能力局限。如何提升计算能力，保证车辆计算、决策结果准确可靠是自动驾驶发展的诉求。

3. 多车信息交互、协作能力：随着车辆的智能化发展，车车协作也愈加重要。实现车辆之间的协同运行依赖于车-车间的大量信息交互，目前已有的通信手段难以解决车辆间通信、协作的问题，在车辆编队行驶等复杂场景下无法满足多车信息交互、协作的需求。

4. 更低成本、快速普及能力：仅基于车辆自身智能的自动驾驶系统对车载传感和计算单元的性能要求较高，而高性能传感器以及计算单元价格偏高导致车辆成本居高不下，阻碍了自动驾驶车辆的大规模商用和普及。

自动驾驶需要让系统来代替驾驶员的眼睛，感知路面环境；让系统来代替驾驶员的大脑，做出分析判断，发送决策指令。如果我们将眼睛（传感器）和大脑（计算单元）全部放置在汽车上，一方面会把汽车改造成了搭载硬件的庞然大物，改变了汽车基本形态，另一方面也将极大增加单个汽车成本。

所以，不能将自动驾驶汽车孤立看待，而是应将其置身于"人—车—路—云"这张大网之中，成为智能网联汽车。V2X 自动驾驶，意味着 Vehicle to Everything，传感器将不仅停留在汽车上，道路上的每一个摄像头都会成为自动驾驶系统的眼睛，实现车路协同。

自动驾驶系统的"眼睛"和"大脑"都需要云化，使汽车依旧保持其的原始形态，让"自动化"在云端系统实现。这就需要安全、可靠、低延迟和高带宽的连接，这些连接特性在高速公路和密集城市中至关重要，只有 5G 可以同时满足这样严格的要求。如图 4-5 所示。

5G 的大带宽特性可以使更多传感器设备接入网络，让车、路的协同度更高。5G 的低时延特性，可以让云化的自动驾驶系统成为可能——实时数据通过 5G 网络上传至云端并进行计算，再通过 5G 网络将指令下发给车辆，将系统"反应"速度控制在安全范围之内。通过为汽车和道路基础设施提供大带宽和低时延的网络，5G 能够提供高阶道路感知和精确导航服务，成为道路安全和汽车革新的关键推动力。

## 4.4.2　5G 在医疗行业

4G 时代，移动互联网已经开始在医疗设备中逐步启用。在很多医院，患者已经开始体验院内手机导航，化验单手机线上查询等智

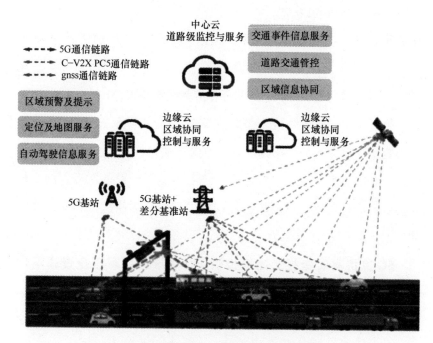

图 4-5　5G- V2X 自动驾驶信息感知场景

慧医疗服务。5G 时代将进一步升级智慧医疗场景，实现患者与医务人员、医疗机构、医疗设备间的互联互通和信息共享。5G 技术将推动基层医疗服务质量和医生诊疗水平的提高，优化医疗资源配置，实现优质医疗资源的共享和下沉。

**5G 海量连接能力，加强医疗环境下人与物的监控管理。**

针对个人，5G ＋大数据及 AI，使得穿戴设备监控更加智能，为个体提供专业的健康管家。名医扁鹊说自家大哥最为厉害，却是家里最不出名的医生。只因"长兄于病视神，神未有形而除之，故名不出于家"，在病情发作之前就已经发现并去除病因。面对人口老龄化加速的现状，有效的疾病预防与慢性病管理将为整个社会节省更多资源。5G 将支持更多的传感监测设备，持续收集患者数据，并在云端进行记录和智能分析，提供诊断预警。

针对医院内部，医院人员结构复杂，医疗设备、耗材、药品等各类资产数目庞大，导致医院安全管理难度大、资产运营效益较低。运用物联网技术，将可穿戴设备、院内各类资产设备连接入网，对各类资产进行全生命周期的监控与管理，提高医疗设备的安全性和使用率，提升医院管理效能。

**5G 支持高清音视频高速传输，远程诊疗缓解医疗资源不均困境。**

随着通信技术的发展，远程会诊由电话会诊、普通标清视频会诊，向 4K/8K 的超高清会诊发展，对网络带宽提出了更高的要求。5G 网络能够支持时延小于 20ms 的 4K 高清视频的实时传输，协助上级医生提高诊断效率和准确率，更好地支撑基层医院提升医疗服务水平。远程会诊地点进一步多样化，随着车载和便携诊疗设备的普及，远程会诊可以深入到社区、乡村等更加偏远地区，有效节省医生在途时间。如图 4-6 所示。

在远程急救等场景下，5G 支持无损压缩的放射科影像、病理切片影像等医学影像数据的实时传输和调阅；配备 5G 高清视频通话系统的超级救护车，可提前与远程急诊室进行线上联动，为患者赢得宝贵的救助时间。

图 4-6　5G 远程会诊应用场景

**5G 为远程操控类医疗服务提供低时延保障，使远程手术成为可能。**

远程操控类医疗业务对网络时延和安全性均有极高的要求，需构建高速可靠的网络传输通道保障业务的实时性和数据的安全性。5G 网络提供的低时延特性，将打破 4G 网络下无法实现高精度远程操控类业务的限制，为远程超声、远程手术等业务的开展打下基础。如图 4-7 所示。

以远程超声场景为例，因其不需动用手术刀，危险系数相对较低，更适合成为医疗远程操控的先行场景。与 CT、磁共振等技术相比，超声检查需要医生手工操作完成，非常依赖医生的检查经验，在我国超声医生仍存在较大的人才缺口，基层医生难以独立完成复杂的超声检查工作。远程超声由远端专家操控机械臂对基层医院的患者开展超声检查，可应用于医联体上下级医院，及偏远地区对口

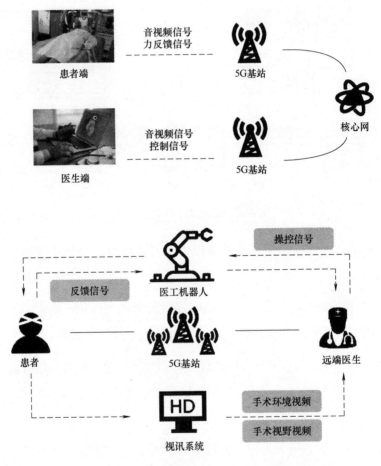

**图 4-7　5G 远程超声和 5G 远程手术方案架构**

援助帮扶，提升基层医疗服务能力。5G 的毫秒级时延特性，将能够支持上级医生操控机械臂实时开展远程超声检查。5G 网络能够解决基层医院和海岛等偏远地区专线建设难度大、成本高，及院内 WiFi 数据传输不安全、远程操控时延高的问题。

远程手术是远程操控类医疗服务的终极场景，5G 医疗行业切片专网为其提供稳定的低时延网络环境。5G 网络能够简化手术室内复杂的有线和 WiFi 网络环境，降低专线专网的接入难度和建设成本。利用 5G 网络切片技术，可快速建立上下级医院间的专属通信通道，有效保障远程手术的稳定性、实时性和安全性，让专家随时随地掌控手术进程和病人情况，实现跨地域远程精准手术操控和指导，对降低患者就医成本、助力优质医疗资源下沉具有重要意义。

## 4.4.3　5G 在教育行业

在校园环境下，5G 网络将大大提升个性化教学、情景化学习以及校园智慧化管理水平，为教学环节带来沉浸式互动体验。

通过 5G 远程教学，以高清视频的方式将优质教学资源传输到边远地区，促进教育均衡化。5G 网络为远程教学带来百兆、毫秒级的传输体验，为设备灵活部署提供可能，实现实时 4K 高清视频教学在校与校间、班与班间快速便捷地开展。远程直播教学通过在名校名师的主讲教室内快速灵活地部署支持 5G 的移动式 4K 高清视频采集设备，依托 5G 网络将高清直播视频传输到师资力量薄弱的乡村学校教室，听课教室内部署支持 5G 的移动式直播设备，让学生获得沉浸式的远程互动教学体验，乡村教师的上课方式方法得到教研指导，提升乡村学校教学质量，有效解决教育资源不均衡问题。

在教学环境中，5G 带来 AR/VR 沉浸式教学体验，将极大改革教学方式。5G 网络将 AR 内容的计算与渲染能力迁移至边缘云端，不仅解决了用户侧需要高性能 AR 计算设备的问题，同时，业务只在终端与基站之间传输，降低用户访问时延、缓解了核心网传输压力。在沉浸式教学中，学生通过佩戴轻量级的 AR 眼镜终端进行虚拟课程学习，完成虚拟实验操作、物体拆解等学习。依托 AR/VR 技术制作的仿真教学课件，可以更好地服务于探究式教学。游戏化教学可以让教学模式从教师为主导转向学生为主导，让学生自主进行内容探索，引导学生发现规律，培养批判、归纳、总结能力。可以将抽象的理论和概念直观化，帮助学生快速理解教学内容，提升学习兴趣。另外，教师还可以利用 AR/VR 为学生展示大海、山川等宏观，原子、电子等微观景象，拓展学生眼界。

5G 将把教育从校园场景拓展到更广阔的个人生活场景中，让学习将无处不在。在线教育将更多优质高清视频、AR/VR 授课资源聚集在云端，5G 网络使个人可以随时随地获取云端学习资源，感受高度开放、可交互、沉浸式学习环境。在校园外的培训体系下，5G 网络将会打来全新的教育服务形态。

# 第 5 章

# 5G 融合

在"5G 为行业而生"的背景下，应用融合与创新，就必须深入到不同行业之中，深刻研究行业场景和痛点，深入理解客户的通信需求及 5G 适用场景。

　　5G 为行业而生，赋能垂直行业。在这一背景下，必须深入到不同行业之中，深刻研究行业场景和痛点，深入理解客户的通信需求及 5G 适用场景。

# 5.1　5G 机器视觉场景

　　机器视觉主要用计算机来模拟人的视觉功能，从客观事物的图像中提取信息，进行处理并加以理解，最终用于实际检测和测量。机器视觉技术最大的特点是速度快、信息量大，是现代化工业中一个重要的应用方向。其对观测与被观测者都不会产生任何损伤，且可以广泛且长时间地应用于恶劣的工作环境。结合 5G 大带宽、低时延的特性，在光学字符识别（Optical Character Recognition，OCR）、空间引导、缺陷检测等方向上与机器视觉有了较好的融合与应用。

## 5.1.1 光学字符识别

基于机器视觉的 OCR 常用在工业产线中的铭牌识别、条码识别、号牌识别等相关领域，用以快速有效地对工业生产过程中形成的字符进行数字化处理。该方案通过生产线上的 4K 高清工业相机，将摄取到的发动机铭牌高清图像通过 5G 网络回传至机器视觉质检云平台，并比对 MES（Manufacturing Execution System，制造企业生产过程执行系统）上的正确信息，识别铭牌信息的完整性、清晰性与正确性，并对铭牌进行自动分拣。另外，5G + MEC 的网络部署方案将有效防止数据外泄，并提高图片识别和比对速率。表 5-1 为 OCR 通信需求，图 5-1 所示为 OCR 在铭牌识别领域的应用示意图。

表 5-1　OCR 通信需求

| 业务名称 | 通 信 需 求 | | | | | |
|---|---|---|---|---|---|---|
| 字符识别 | 功能 | 上行带宽 | 下行带宽 | 传输时延 | 可靠性 | 覆盖场景 |
| | 带识别字符的高清照片传输 | ≥50Mbit/s | ≥20Mbit/s | ≤20ms | ≥99.9% | 生产线 |

## 5.1.2 机器空间引导

智能工厂全自动装配和生产过程中，涉及自动组装、自动焊接、自动包装、自动灌装、自动喷涂等多个自动执行机构，以机器视觉

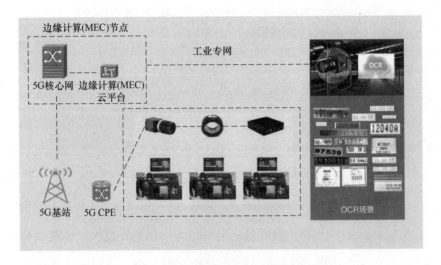

**图 5-1　OCR 在铭牌识别领域的应用示意图**

为基础的机器空间引导功能具有不可替代性。引导过程中涉及传输位置、环境模数信号等信息上传，频次高，数据量大，利用 5G 大上行带宽，高可靠保障，可实现自动执行机构的无线空间引导功能，从而为工厂内机械臂的机电分离，灵活部署提供无线通信保障基础。表 5-2 为空间引导通信需求。

**表 5-2　空间引导通信需求**

| 业务<br>名称 | 通　信　需　求 | | | | | |
|---|---|---|---|---|---|---|
| 机器<br>空间<br>引导 | 功能 | 上行速率 | 下行速率 | 传输时延 | 可靠性 | 覆盖场景 |
| | 空间位置<br>信息及其他<br>信息传输 | ≥100Mbit/s | ≥20Mbit/s | ≤20ms | ≥99.9% | 生产线 |

　　焊接机器人是从事焊接、切割或热喷涂的工业机器人，如图 5-2 所示。当需要焊接工件过大时，焊接机器臂需要从固定状态变为可移动状态，可通过 5G 网络，实现"机器"找"工件"的应用场景，达到焊接工艺远程无线调用的效果。

　　焊接机器人通过 5G 网络与云平台进行认证连接，完成认证连接后，焊接机器人将与属地的 MEC 边缘云进行数据的交互，焊接工艺调用时，利用机械臂上的双目摄像头进行位置信息的获取，形成 1200 次/min 的位置信息点状云图，并将焊接枪上获取的温度、湿度、压力等传感信息进行模数转换，通过 5G 网络将点状云图、转换后的环境信息传至 MEC 侧的云平台，实现自动执行机构的无线空间引导功能。端到端时延低至 20ms，保障了云端自动焊接的算法模型与焊接机器人的快速有效连接，实现快速的计算和处理能力。

**图 5-2　焊接机器人图例**

## 5.1.3 产品质量检测

利用 5G 网络，可将待检测物品通过超高清工业摄像头拍摄的图片信息上传至云端进行图像识别及分析，实现缺陷实时检测与自动分拣，同时可有效记录待检测物品的瑕疵，为回溯缺陷原因提供数据分析基础。表 5-3 为产品质量检测通信需求。

**表 5-3 产品质量检测通信需求**

| 业务名称 | 通信需求 | | | | | |
|---|---|---|---|---|---|---|
| | 功能 | 上行带宽 | 下行带宽 | 传输时延 | 可靠性 | 覆盖范围 |
| 产品质量检测 | 缺陷检测物的高清照片传输 | ≥50Mbps | ≥20Mbps | ≤20ms | ≥99.9% | 生产线 |

### 1. 器件表面特征缺陷检测

5G 场景下的器件表面特征缺陷检测，通过工业相机实现发动机多个侧面、数十个螺栓漏拧的自动质量检测，并通过 5G 无线网络的部署，解决厂区内有线网络架设周期长、产线改造难度大等问题。如图 5-3 所示，工业相机获取产线上发动机每个侧面的图像，通过 5G 网络，将待检设备的侧面高清图像发送至部署在边缘计算节点上的机器视觉质检云平台，并通过机器视觉质检云平台上已建立的发动机模型进行数据比对，对螺栓颜色及识别个数进行检测，判定螺栓是否存在漏拧现象，如有漏拧，则及时反馈告警。

图 5-3　发动机侧面图示

## 2. 产品立体特征缺陷检测

长期以来，针对汽轮机包括汽缸、金属叶片等汽轮机组件的立体特征缺陷检测，人工质检效率较低，缺陷结果不便于记录。通过 5G 网络，可实现待检部件 3D 数据的实时三维建模，将缺陷检测时间从 2～3 天降到 3～5min，同时实现缺陷检测记录结果的反向追溯。

在质量检测过程中，工作人员用一台精密的激光手持三维扫描仪对待检部件的三维信息进行立体扫描，扫描过程中将待检部件表面数据信息通过 5G 网络上传至厂区内的计算机设备中，实时完成待检部件 3D 数据三维建模，通过与标准模型的比对，可快速判断该产品误差率是否在正常范围内。图 5-4 所示为一个 5G 立体建模现场。

图 5-4　5G 立体建模现场

## 5.2　5G 远程现场场景

远程现场是以网络为载体，通过远程控制、远程人工等方式，结合现场设备，使人员实现更低成本、更高效率配置的解决方案。即通过具有采集功能的终端，如 AR 眼镜、手机等设备通过以定制化的程序将图像、声音等信息实时通过高速网络传回至云端平台，平台结合定制化的智能分析系统对数据进行分析处理，可实现信息下发、预测性维护等功能，同时异地专家可通过终端，如手机、电脑等，结合定制化软件，通过网络实时与现场人员进行声音、图像的双向互通，实现异地专家的远程指导，解决现场专家'稀缺'的问题。

### 5.2.1　AR 点检

点检工作是工业用户非常关注的环节，通过对生产设备的定期检查，确保设备的良好运行，可以避免因设备故障导致的生产损失，但目前存在点检信息难以数字化、点检内容繁杂、人工点检效果难以衡量等问题，难以达到点检的最终要求。

利用 5G 网络低时延技术特性，实现点检过程智能化，通过对点检顺序的规划，配合图像、物联网传感器数据的采集与展示分析，在提升点检准确率、效率的同时，实现对点检设备数据的数字化记录，为后续溯源提供准确信息。AR 点检终端利用 5G 无线网络，满足点检过程中对移动性的要求，同时将点检平台部署在边缘侧 MEC 上，可以降低点检过程中的时延，消除 AR 终端所产生的眩晕感，最终使点检人员高效、准确的完成精密仪器的点检。表 5-4 为 AR 点检通信需求。

表 5-4　AR 点检通信需求

| 业务名称 | 通 信 需 求 | | | | |
|---|---|---|---|---|---|
| | 功能 | 上行速率 | 下行速率 | 传输时延 | 覆盖范围 |
| AR 点检 | AR 图像采集传输 | ≥50Mbit/s | ≥10Mbit/s | ≤20ms | 点检车间或运维现场 |

点检过程可分为数据实时报警和可视化。巡检传感器通过 5G 网络将采集的温度、湿度等数据上传至智能平台，平台实时分析数据并与云端模型进行比对，实现对设备运行状态监控、报警、预测性维护等功能。

同时，点检员工通过佩戴 AR 终端实现对所需要检查设备的自动拍照，AR 终端通过 5G 网络将所采集的图像等数据上传至部署在客户侧 MEC 平台上的智能平台，平台通过分析确定设备与传感器采集数据的匹配关系后，将相关检测信息实时下发至 AR 终端进行展示，点检人员可通过 AR 终端直接查看所点检设备的相关数据及巡检线路，为其提供可视化巡检服务。同时也可在智能平台智能识别设备信息后，将相关设备信息下发至 AR 终端，实现设备历史数据的即时展现，诸如设备名称、生产日期、保养信息等，图 5-5 所示为 AR 点检现场。

**图 5-5    AR 点检现场**

## 5.2.2    AR/VR 培训及考核

以发动机装配为例，其培训及考核是发动机制造企业非常重要的一项工作内容，在对人员进行培训时，需要将发动机逐步拆解，以方便受训人员了解每个零部件的具体结构、安装位置等信息。通常一个发动机含有 2000 多个零部件，在发动机装配的培训过程中需要花费大量时间，且员工培训效果难以准确衡量。

5G 网络可以实现大量图像渲染与图像双向互动，消除 AR/VR 所产生的眩晕感，具备临场感、低成本和更好数字化的培训及考核效果。AR/VR 培训及考核通信需求见表 5-5。

表 5-5　AR/VR 培训及考核通信需求

| 业 务 名 称 | 通 信 需 求 | | | | |
|---|---|---|---|---|---|
| AR/VR 培训及考核 | 功能 | 上行速率 | 下行速率 | 传输时延 | 覆盖范围 |
| | AR 图像展示、互动 | ≥50Mbit/s | ≥10Mbit/s | ≤20ms | 培训考核辅助装地场地 |

AR/VR 终端通过 5G 低时延特性，可将部署在客户侧 MEC 上的培训考核平台计算出的 3D 可视化模型、考核数据实时传递至 AR/VR 终端。受训人员可以通过 AR/VR 眼镜进行身份认证登录培训考核系统，直接进行相关培训内容的观看，也可通过手势互动完成发动机的模拟拆装、功能结构演示、考核等环节。

在培训及考核过程中，平台可以将相关培训过程、考核结果进行记录，并智能分析出受训人员的薄弱点，以提供有针对性的培训考核内容，同时受训人员或管理人员可随时调取培训考核进度、结果，实时掌握相关数据，确保良好培训考核效果。

## 5.2.3　远程运维指导

通过 AR 远程运维指导实现机器设备故障的远程诊断、远程排

104

除、远程代码修改、远程维修指导等操作。当机械设备遇到故障点且较难解决时，现场操作人员可通过佩戴 AR 眼镜，通过 5G 网络将现场操作情况实时传输给异地专家。异地专家通过直播视频给出语音指导和操作标注。操作人员通过语音指导及标注进行操作，也可通过语音与专家进行交流。技术专家犹如身临现场一样掌握每一个细节，并可以通过实时的语音或文字消息指导现场拍摄者进行故障排除，既节省了维护成本，也实现了专家的技能复制，解决了技术专家紧缺的难题。AR 远程指导网络示意图如图 5-6 所示。

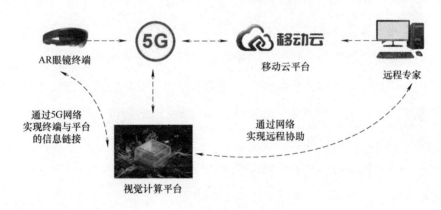

**图 5-6　AR 远程指导网络示意图**

## 5.2.4　智能监测

通过 5G 大带宽特性，将采集的高清视频图像实时回传至监控机房，同时为保证监控数据的可溯源性及数据安全性，客户利用 5G +

MEC 特性，将视频存储在客户厂内边缘云平台侧，实现智能风险分析、数据调取等操作。该方案实现了智能化、可溯化的智能监控，大幅降低有线部署的成本和人工值守成本，最终实现低成本高安全的监控效果。表5-6为智能监控通信需求。

表5-6 智能监控通信需求

| 业 务 名 称 | 通 信 需 求 | | | | |
| --- | --- | --- | --- | --- | --- |
| | 功能 | 上行速率 | 下行速率 | 传输时延 | 覆盖范围 |
| 智能监控 | 高清视频<br>数据传输 | ≥50Mbit/s | ≥10Mbit/s | ≤100ms | 生产车间 |

高清摄像头通过5G网络，将所采集的监测视频、图像等信息实时传输至部署在客户侧的平台中进行比对，实现人员违规操作、厂区环境风险的实时分析与报警，同时可结合物联网传感设备，将采集的厂内数据，如温度、湿度等，通过5G网络回传至统一监控平台，确保厂区运行环境的稳定。另外，授权人员可通过统一监控平台进行数据调取、数据存储等功能操作。智能监测网络示意图如图5-7所示。

图5-7 智能监测网络示意图

## 5.3 远程控制场景

远程控制一直是工业生产中解决人员安全、提升生产效能、实现多生产单元协作的必要手段。由于远程控制会直接影响生产环节的产品质量和产出效能，现阶段远程控制的通信方式大多利用有线网络实现，从根本上限制了生产环境的灵活部署能力，也在一定程度上限制了生产过程的控制范围。5G 的到来，将以其低时延、高可靠的通信保障能力打破远程控制的现状，在可移动性和生产车间灵活部署等方面带来突破。

### 5.3.1 机器设备控制

#### 1. 设备集中管控

利用 5G 网络，可以实现缝缝机、弹簧机、粘胶机等新旧设备与 SCADA（Supervisory Control And Data Acquisition，监控与数据采集）

系统的采集之间高效的互联互通，该方案端到端时延控制在25ms 内。

机床由于生产计划更改及革新等原因，需要时常进行产线调整，有线网络的部署为设备迁移带来诸多不便，而 5G 无线网络可以较好地解决该问题。另一方面，厂线的操作环节多，操控类程序精准要求高，5G 网络的低时延、高可靠性，可以保障弹簧在淬火、成型、入袋等工序中，减少意外停机、品质下降等生产问题。

### 2. 设备云化管控

通过 5G 核心网下沉及边缘云集中化部署，实现设备数据采集、远程控制与管理。当机械臂出现系统问题时，设备提供商的运维人员可以在异地登录设备管理平台，依据身份权限进行远程故障策略下发、故障处理、控制设备开机、关机、状态调整等操作；同时通过 5G 安防摄像头拍摄图像回传至云平台，判断人员与设备的安全距离，当超出安全范围时系统将进行报警，并向现场员工发出警示信息。5G 网络具有端到端加密的特性，且其低时延、高可靠的性能，更适用于厂内设备连接与应用。

### 3. 设备连接和远程控制

通过 5G 网络，可以实现远程厂内 PLC（Programmable Logic Controller，可编程逻辑控制器）程序升级；同时，通过 5G 网络获取远端机器人、机械臂的运行参数、故障参数、远程 PLC 数据采集分析等进行远程 AR/VR 远程精准运维支撑，使该企业制造的机器人在售后服务时更加便捷、迅速，解决了厂内工程技术人员匮乏，现场支撑时间难以保障等问题。

### 4. 云化 AGV

利用 5G 低时延特性，实现 AGV（Automated Guided Vehicle，自动导引运输车）管理平台实时下发控制指令，确保 3km 外的 AGV 机器人按照指令迅速进行设备移动、操纵、投料、关闭等操作；尤其当厂房面积较大、金属构架密集、障碍物较多时，WiFi 容易出现信息干扰、业务调度不流畅等问题，5G + AGV 的应用可以较好地解决以上问题。

AGV 机器人行进过程中，遇到行径路径变更、操作行为调整、自动控制跳转为手动遥控等情况，则需要通过 5G 低时延的网络特性，快速将指令信号从平台侧下达到 AGV 机器人的控制系统内。基于 5G 的通信网络将端到端的时延控制在 30ms 左右，有效保障了机器人运作过程中复杂动作的一气呵成、精准无误，实现了厂房内有序的物料搬运工作。

通过这些技术在工业生产现场各个环节的应用，在 5G 时代，制造业的无人车间时代也得以随之到来，图 5-8 所示为某机器人制造企业 5G 无人车间现场。

**图 5-8　某机器人制造企业 5G 无人车间现场**

## 5.3.2　远程控制工程机械

在工程机械领域，如需对工程机械进行远程控制，则需获取工程机械的现场环境图像及各种运行参数，并通过网络回传到需要这些数据的平台进行处理，远程操作者对施工现场情况进行判断后，再发出各类控制指令，实现工程机械和操作者的双向通信，最终通过工程机械本身的液压、传感器件实现工程机械的远程控制。

工程机械上需装有数据采集终端，主要功能是采集车辆的各种运行参数，实现简单的边缘计算，并通过内部的通信模块将相关信息上传给云平台的数据模块，其中工程机械上安装的摄像头，也将通过数据采集终端将外部环境的视频流信息传输给远端的平台。云平台的应用模块对操作者提供方便、高效的处理结果，辅助操作者远程下达连接指令，建立连接后，与工程机械和操作者所在的指令舱直接进行数据交互，并将数据转化为具体的操控指令，通过液压、传感等器件最终对工程机械本身进行具体的操控。

5G 网络可满足工程机械以及机械臂远程操控过程中的安全可靠性要求。利用其可控的低时延能力，能够将现阶段操控不同步的痛点，控制到 150ms 以内（业务时延：包括端到端的时延，以及数据的编解码时延）；利用其大带宽的性能，能够提升远程视界的清晰度，更大程度地实现"所见即所得"，尤其是 5G 可提供的上行带宽，可承载 5 路高清视频流的同时上传，使得远程操作者对工程机械所处环境前上、前下、前左、前右、后 5 个视角画面的同步接收；最后，通过提升数据集中处理的能力，满足在某一覆盖范围内的远程多机械操控。

基于 5G 能力，建立端-边-云协同的分级远程操控体系架构，增强操作手的感知、决策和控制能力，最终达到提升远程操控安全性、实用性、便捷性等目标。

在实现过程中，可将工程机械的驾驶座椅和工程机械分离，之间通过 5G 网络互连。驾驶座椅 1∶1 还原了真实工程机械的驾驶舱，驾驶座椅采集的手柄、推杆、节气门等数据，发送给工程机械，模拟了一个真实的指令舱，工程机械收到指令后开始驱动车辆的液压等装置进行动作。当信号采集、指令传输、视频回传的延时降至 150ms 以内时，则跟实际在车辆上驾驶的效果接近。远程控制工程机械的端到端通信架构图如图 5-9 所示。

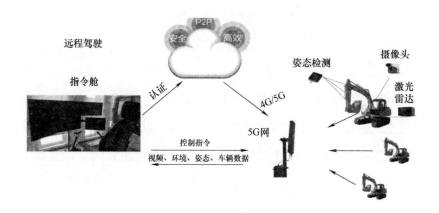

**图 5-9　远程控制工程机械的端到端通信架构图**

　　而对于基于 5G 的远程操控方案，在网络架构上也采用了数据与控制分离的模式：首先利用 5G 通信网络通过云平台将驾驶指令舱和远程操控的工程机械建立起连接，两者对接成功后，车辆和指令舱直接进行数据交互。工程机械在不工作情况下，处于熄火休眠状态，指令舱处于关机状态。当指令舱开机后，先通过 5G 网络在云平台上进行认证，发送当前座椅信息并查询当前可控制的车辆信息。指令舱选择将要控制的工程车，云平台发送信息激活远程车辆，并将指令舱的网络地址等信息发送给车辆。车辆开机初始化成功后，直接连接已经开机的指令舱，通过 5G 的上行大带宽推送现场的视频画面。指令舱看到车辆视频画面后，链路建立成功，此时指令舱可以对车辆进行远程启动、远程作业等操作。

### 5.3.3 远程控制机械臂

焊接工艺作为远程控制机械臂的其中一个应用场景，以其来举例说明。焊接工艺是离散制造业中不可或缺的传统工艺。传统焊接工艺高度依赖焊接工人的个人技术水平和现场发挥，在焊接过程中即使是非常细小的失误都会带来焊接质量问题，导致了焊接工艺在制造业中的水平参差不齐。

将传统的焊接枪与机械臂的自动化智能控制系统结合，承载基于物联网、大数据、人工智能、传感设备、机器人控制、工业云等多个领域先进技术的焊装数字化管控系统，对生产过程实施精确有效的管理，使焊接工艺更加具体，生产过程更加标准，生产质量全程可控，产品终身信息追溯、生产成本可视可控等特征。焊装数字化管控系统架构图如图 5-10 所示。

生产过程的全部数据采集与分析过程均由智能管理系统完成，解决传统 MES 无法完全消除人为录入数据的应用层最后一公里问题，为企业以数据化手段展示真实现场和管理决策提供优质辅助。

然而，多种技术结合，加上融合了焊接工艺本身长期积累的经验和知识，焊接机器人企业对其内部的控制算法和计算模型的知识产权有着自己的担忧与顾虑：如何将焊接机器人的控制算法和计算模型部署在云端，将焊接工艺作为一种服务的远程调取，而不是冒着知识和经验被反向编译的危险，以简单的售卖硬件为经营方式，

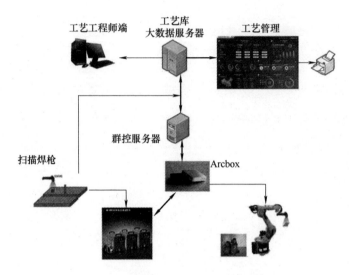

图 5-10　焊装数字化管控系统架构图

成为焊接机器人企业亟待解决的一大痛点。现有焊接工艺从采集数据到调取中心云的计算模型，再到最终结果执行需要几十秒的时间，如不能缩短通信时延，将极大制约远程调取焊接工艺的实际部署，最终用户的生产需求也难以保障。

此外，面对船舶制造这种场景的焊接工作，由于船体过大，需焊接机器人移动焊接，实现"机器"找"工件"，现有有线传输场景无法满足，催生出焊接机器人的无线通信刚需。

因此，通过 5G 边缘云 + 中心云的两级化部署模式，在降低通信时延的基础上，同时将模数转换和 DTU 功能从网关盒子向机器迁移，将工控机移至边缘云，最终实现焊接机器人的机电分离。网络架构图如图 5-11 所示。

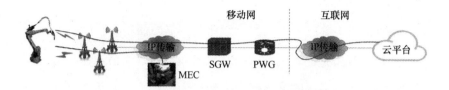

**图 5-11　焊接机器人边云部署网络架构图**

　　焊接机器人登录后，通过 5G 网络与云平台进行认证连接，完成认证连接后的焊接机器人将与属地的 MEC 边缘云进行数据的交互，而云平台也将会根据焊接机器人的认证地址推送相应的计算模型和焊接经验库至平台侧，形成轻量级的边缘处理能力，同时也能使焊接工艺得到最低的时延回馈。

　　焊接工艺调用时，可利用机械臂上的双目摄像头进行位置信息的获取，形成每分钟 1200 次的点状云图，并将焊接枪上获取的温度、湿度、压力等传感信息进行模数转换，通过集成的 5G 通信模组将点状云图及转换后的环境信息传至 5G 基站，并通过边缘部署的 MEC 进行数据分流，实现快速的边缘计算和处理。

　　在模型更新时，由于深度神经网络的算法模型文件较大，5G 网络可以实现快速的模型文件更新，从而能够不断通过数据对算法模型进行优化，在提高生产质量的同时保证了生产效率。

　　在远程控制时，通过 5G 网络，可以实现远程端与工厂端最低延迟，操作人员在远端发出指令后，工厂端可以迅速做出响应，同时，工厂端运行的结果也可以立即反馈给远端，实现了真正的控制与反馈控制的闭环。

这样的机电分离的无线焊接机器人，不但通过边云结合的网络架构缩短了焊接工艺云化调取的时延，而且无线通信的达成将促成焊接机器人灵活多变的部署能力，最终为焊接工艺的远程调取提供可能。

## 5.4  5G 在智能电网

### 5.4.1  智能电网发展对通信网络提出新需求

智能电网作为新一代电力系统，具有高度信息化、自动化、互动化等特征，其应用数字信息技术和自动控制技术，实现从发电到用电所有环节信息的双向交流，系统地优化电力的生产、输送和使用。未来的智能电网将是一个自愈、安全、经济、清洁，能够提供适应数字时代的优质电力网络。

5G 通信网络所具备的高速率、低时延以及海量连接的特点，以及网络切片、边缘计算等创新功能，能够满足电力业务发、输、变、配、用各个环节的安全性、可靠性和灵活性需求，实现差异化服务保障，进一步提升电网及发电企业对自身业务的自主可控能力，促进未来智能电网取得更大的技术突破。

电网企业经过多年建设，35kV 以上的主网通信网已成为具备完善的全光骨干网络和可靠高效数据网络，光纤资源已实现 35kV 及以上厂站、自有物业办公场所/营业所全覆盖。随着大规模配电网自动化、低压集抄、分布式能源接入、用户双向互动、智能化巡检、移动作业终端等业务快速发展，各类电网设备、电力终端、用电客户的通信需求爆发式增长，现有的以光纤为主的通信网络无法满足电力业务发展的需求，在发、输、变、配、用各个环节对电力通信网提出了新的业务要求：

**发电：** 现阶段发电厂主要通过自建光纤环网、无线专网或 WiFi 网络的方式实现厂站通信。但自建光纤环网施工维护成本高、难度大，数据接入不灵活；自建无线专网运维及终端成本高，无线频段申请门槛高且带宽受限；自建 WiFi 网络安全性差、信号质量不稳定，服务保障性差，容易受到干扰。

**输电：** 在输电线路无人机巡检领域，控制台与无人机之间主要采用 2.4GHz 公共频段的 WiFi 或厂家私有协议进行通信，有效控制半径一般小于 2km，无法满足巡检范围绵延数公里的业务需求；同时，由于带宽的限制，巡检视频无法实时回传或回传质量低，无法完成远程故障诊断。

**变电：** 在变电站，目前主要通过 WiFi 进行全站覆盖，WiFi 网络使用公用频段，无法完全满足电力业务对于安全性的要求，同时 WiFi 网络信道少，资源有限，时延不稳定，在快速移动场景下无法实现实时切换，难以满足变电站多样化的业务需求。

**配电：** 由于配电网节点点多面广，海量设备需要实时监测或远程控制，信息双向交互频繁，且光纤网络建设成本高、运维难度大，难以满足配电网各类终端通信全接入的需求。同时，配电网控制类业务对于通信安全、时延及网络授时精度有很高要求，现有的无线网络无法有效支撑配电通信网可观可测可控的需求。

**用电：** 现阶段，电网计量采用集中抄表方式，集中器下挂几十至上百个智能电表，由集中器采集电表数据后统一回传至计量主站。为实现双向实时互动、满足智能用电和客户个性化服务需求，提升电网用电负荷精细化监控水平，需要电表与主站间实现直连通信，并将采集频次提升至秒级。

## 5.4.2 5G 在新能源电站场景的应用

由于新能源电站大多位置偏远，因此发电集团按区域建设集控中心，用来管理区域内所有风电站和光伏电站。新能源电站到远程集控中心之间通信中，生产控制大区采用租用电力光纤的模式，管理信息大区采用租用运营商专线的模式。但自建光纤环网存在施工维护成本高，数据接入不灵活等问题；自建无线专网存在建设维护成本高、需要申请频段、带宽受限等问题；自建 WiFi 存在信号质量不可靠，服务不保障，存在干扰等问题。这些问题均严重制约了目前智慧厂站改造推进的步伐。

## 1. 新能源电站通信场景

基于 5G 技术构建的智慧新能源电站生产运营体系，实现站内通信（电站中控室与设备间）和机组内通信（设备机组主控与内部子系统间的无线通信与设备控制），助力精细化生产管理。利用 5G 技术提供设备运行数据、气象环境数据等全量信息的百兆级带宽接入能力及毫秒级信息采集能力，结合人工智能技术及大数据建模分析，可实现远程诊断、预测性维护、资产全周期管理、智能运维等。同时利用 5G 的网络切片、边缘计算两大关键技术，实现生产控制大区设备的生产控制，满足电力工控系统对安全隔离及低时延的要求；结合人工智能技术，对生产实时数据及气象环境数据进行深度分析，研究电厂及电站的智能控制策略，做到优化生产发电。新能源厂站通信需求见表 5-7。

**表 5-7  新能源厂站通信需求**

| 业务类别 | 业务名称 | 通信需求 | | | | |
|---|---|---|---|---|---|---|
| | | 时延 | 带宽 | 可靠性 | 安全隔离 | 连接数 |
| 控制类业务 | 厂站通信 | ≤30ms | 200Mbit/s | 99.999% | 安全生产 Ⅰ区、Ⅱ区 | 百万级 |

## 2. 电厂智能化巡检场景

现阶段大面积光伏板、风机叶片及升压站等复杂环境巡检，依然以人工巡检为主。人工成本高，复杂环境作业危险度高，效率低。

部分通过无人机巡检，控制台与无人机之间采用 2.4G 公共频段 WiFi或厂家私有协议通信，有效控制半径一般小于 2km。部分通过机器人巡检，使用 WiFi 接入，巡检范围有限。

利用 5G 高速率、低时延、海量连接、快速移动特性实现巡检终端遥控及采集，提供巡检高清视频实时回传及实时远程控制作业，结合无人机和机器人应用，扩大巡检范围，提升巡检效率，满足大型新能源基地无人巡检需求，实现少人乃至无人值守。电厂智能化巡检场景方案如图 5-12 所示。巡检终端包含无人机、机器人等多种类型，提供多路高清视频图像（百兆级以上）及各种传感信息（红外、温感、湿感、辐射）综合回传能力、百毫秒级远程控制能力，扩展巡检范围，实现智能巡检。电厂智能化巡检通信需求见表 5-8。

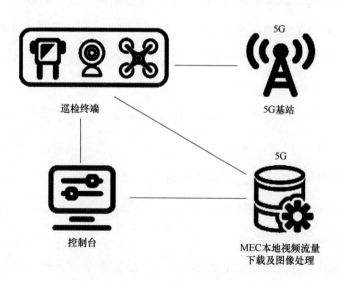

图 5-12　电厂智能化巡检场景方案

表 5-8　电厂智能化巡检通信需求

| 业务类别 | 业务名称 | 通信需求 | | | |
|---|---|---|---|---|---|
| | | 带宽 | 可靠性 | 安全隔离 | 连接数 |
| 采集类业务 | 电厂智能化巡检 | 100Mbit/s | 99.9% | 管理信息大区 Ⅲ | 十万 |

## 5.4.3　5G 在输电及变电场景的应用

### 1. 输电线路无人机巡检场景

输电线路巡检需要对网架之间的输电线路物理特性进行检查，如弯曲形变、物理损坏等情况。在高压输电的野外空旷场景，一般两个杆塔之间的线路长度在 200～500m 范围，巡检范围包括若干个杆塔，延绵数公里长。典型应用包括通道林木检测、覆冰监控、山火监控、外力破坏预警检测等。

目前主要是通过输电线路两端检测装置，通过复杂的电缆特性监测数据计算判断，辅助以人工现场确认。目前也有通过无人机巡检，控制台与无人机之间主要采用 2.4GHz 公共频段的 WiFi 或厂家私有协议通信，有效控制半径一般小于 2km。无人机巡检及应用场景方案如图 5-13 所示。

随着无人机续航能力的增强及 5G 通信模组的成熟，结合 MEC 的应用，5G 综合承载无人机飞控、图像、视频等信息将成为可能。

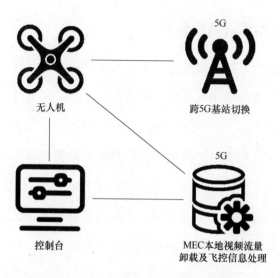

无人机

跨5G基站切换

控制台

MEC本地视频流量
卸载及飞控信息处理

**图 5-13  无人机巡检及应用场景方案**

无人机与控制台均与就近的 5G 基站连接，在 5G 基站侧部署边缘计算服务，实现视频、图片、控制信息的本地卸载，直接回传至控制台，保障通信时延在毫秒级，通信带宽在 1Mbit/s 以上。同时还可利用 5G 高速移动切换的特性，使无人机在相邻基站快速切换时保障业务的连续性，从而扩大巡线范围到数公里范围以外，极大提升巡线效率。输电线路无人机巡检通信需求见表 5-9。

**表 5-9  输电线路无人机巡检通信需求**

| 业务类别 | 业务名称 | 通信需求 | | | |
|---|---|---|---|---|---|
| | | 带宽 | 可靠性 | 安全隔离 | 连接数 |
| 采集类业务 | 输电线路无人机巡检 | 100Mbit/s | 99.9% | 管理信息大区Ⅲ | 集中在部署区域 1~2 个 |

## 2. 变电站综合监控场景

变电站综合监控场景业务是集中型实时业务，业务流向将各变电站视频采集终端集中到变电站视频监控平台。未来变电站可配备智能视频监视系统，按照变电站内配电柜的布局，部署可灵活移动的视频综合监视装备，对配电柜、开关柜等设备进行视频、图像回传，云端同步采用先进的 AI 技术，对配电柜、开关柜的图片、视频进行识别，提取其运行状态数据、开关资源状态等信息，实现无人值守。此外，监控系统还可完成机房整体视频监视，温湿度等环境传感器的综合监控功能。表 5-10 为变电站综合监控场景通信需求。

**表 5-10　变电站综合监控场景通信需求**

| 业务类别 | 业务名称 | 通 信 需 求 | | | |
| --- | --- | --- | --- | --- | --- |
| | | 时延 | 带宽 | 可靠性 | 安全隔离 |
| 采集类业务 | 变电站综合监控 | ≤200ms | 20～100Mbit/s | 99.9% | 管理信息大区Ⅲ区 |

# 5.4.4　5G 在配网场景的应用

电力通信网经过多年建设，35kV 以上的骨干通信网已具备完善的全光骨干网络和可靠高效数据网络，光纤资源已实现 35kV 及以上厂站、自有物业办公场所/营业所全覆盖。在配电通信网侧，由于电力终端点多面广，海量设备需实时监测或控制，信息双向频繁交互，且现有光纤覆盖建设成本高、运维难度大，公网承载能力有限，难以有效支撑配电网各类终端可管可测可控。从发展趋势看，未来智能电网的大量应用将集中在配网侧，应采用先进、可靠、稳定、高效的新兴通信技术及系统，丰富配电网侧的通信接入方式，从简单的业务需求被动满足转变为业务需求主动引领，提供更泛在的终端接入能力、面向多样化业务的强大承载能力、差异化安全隔离能力及更高效灵活的运营管理能力。

## 1. 配网差动保护场景

配网差动保护的动作原理是配电自动化终端（Data Transfer Unite，DTU）利用 5G 低时延及高精度网络授时特性，比较两端或多端同时刻电流值（矢量），当电流差值超过门限值时判定为故障发生，断开其中的断路器或开关，执行差动保护动作，实现配电网故障的精确定位和隔离，并快速切换备用线路，停电时间由小时级缩短至秒级，如图 5-14 所示。

配网差动保护业务要求端到端网络时延不大于 15ms，网络授时精度小于 $10\mu s$，见表 5-11。传统的 2G/3G/4G 通信技术不具备高精度网络授时功能，同时端到端网络时延也无法满足业务需求，该业务在无线接入情况下，只有 5G 网络可以支持，未来随着 5G 配网差动保护业务推广应用，将大大改善配网运行状态，促进整个智能电网升级发展。

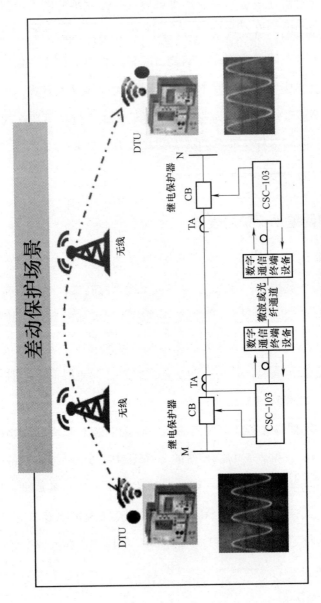

图 5-14 配网差动保护业务方案

表 5-11　配网差动保护场景通信需求

| 业务类别 | 业务名称 | 通信需求 | | | | | |
|---|---|---|---|---|---|---|---|
| | | 时延 | 带宽 | 可靠性 | 安全隔离 | 连接数 | 其　他 |
| 控制类 | 配网差动保护 | ≤15ms | ≥2Mbit/s | 99.999% | 安全生产 I 区 | 10 个/km² | 网络授时精度 <10μs |

## 2. 配网自动化三遥场景

配网自动化三遥是以一次网架和设备为基础，综合利用计算机、信息通信等技术，并通过与相关应用系统的信息集成，实现设备与电网主站之间的通信，上行传输遥信和遥测数据，下行传输遥控指令。配网自动化三遥包括遥信、遥测和遥控，遥信是对设备状态信息的监控，如告警状态或开关位置、阀门位置等；遥测是传输测量值信息，如被测电流和电压数值等；遥控是完成对设备运行状态的改变，如断开开关等。同时，通过继电保护自动装置检测配电网线路或设备状态信息，实现配网线路区段或配网设备的故障判断及准确定位，快速隔离配网线路故障区段或故障设备，以恢复正常区域供电，实现对配电网的监测、控制和快速故障隔离，如图 5-15 所示。

配网自动化三遥需要经过配网主站接入电网生产控制大区，业务安全隔离性要求高，传统的无线网络未能达到承载该业务的要求。5G 网络切片提供端到端安全隔离方案，在保障通信能力的前提下，满足三遥业务安全隔离性需求，具备承载该业务的能力。配网自动化三遥场景通信需求见表 5-12。

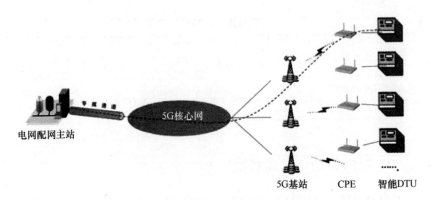

图 5-15　配网自动化三遥业务方案

表 5-12　配网自动化三遥场景通信需求

| 业务类别 | 业务名称 | 通信需求 | | | | |
|---|---|---|---|---|---|---|
| | | 时延 | 带宽 | 可靠性 | 安全隔离 | 连接数 |
| 控制类 | 配网自动化三遥 | ≤50ms | ≥2Mbit/s | 99.999% | 安全生产Ⅰ区 | 10 个/km² |

## 3. 配电网 PMU 场景

配电网 PMU（Phasor Measurement Unit，相量测量单元）是指通过测量配电网枢纽点的电流和电压相位等数据，并通过通信网上传至监测主站，完成对配电网运行状况监控。可用于电力系统的动态监测、系统保护和系统分析和预测等领域，是保障电网安全运行的重要设备。同步相量测量技术在电力系统状态估计与动态监视、稳定预测与控制、模型验证、继电保护、故障定位等方面均有广泛应用前景。

配电网 PMU 场景利用 5G 通信技术提高 PMU 授时同步精度，确保能够测量电力系统枢纽点的电压相位、电流相位等相量数据，由于一般交流三相电的相差为 120°，如果其中一路或两路电存在短路情况，可以通过相位检测的方式诊断问题；每一路电是一个正玄波，三相电之间彼此也存在一定的相位差关系，通过自身相位以及跟其他两路电的相位差可以判别故障问题。通过通信网把数据传到监测主站，监测主站根据不同点的相位幅度，在遭到系统扰动时确定系统如何解列、切机及切负荷。图 5-16 所示为配电网 PMU 业务方案，表 5-13 为配电网 PMU 通信需求。

表 5-13　配电网 PMU 通信需求

| 业务类别 | 业务名称 | 通 信 需 求 | | | | | |
|---|---|---|---|---|---|---|---|
| | | 时延 | 带宽 | 可靠性 | 安全隔离 | 连接数 | 其　他 |
| 控制类 | 配网 PMU | ≤15ms | ≥2Mbit/s | 99.999% | 安全生产 I 区 | 10 个/km² | 网络授时精度 <1μs |

## 5.4.5　5G 在用电场景的应用

**高级计量场景**

高级计量将以智能电表为基础，开展用电信息深度采集，满足智能用电和个性化客户服务需求。对于工商业用户，主要通过企业用能服务系统建设，采集客户数据并智能分析，为企业能效管理服务提供支撑。对于家庭用户，重点通过居民侧"互联网＋"家庭能源管理系统，实现关键用电信息、电价信息与居民共享，促进优化用电，如图 5-17 所示。

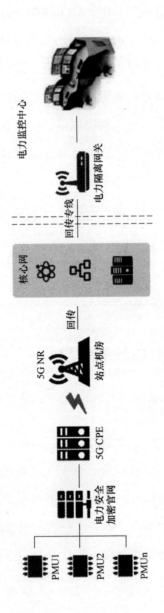

**图 5-16 配电网 PMU 业务方案**

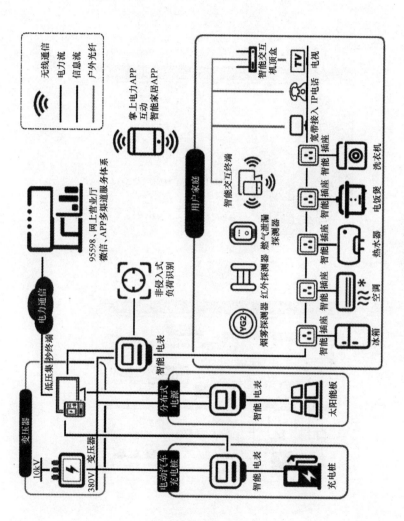

图 5-17 高级计量场景

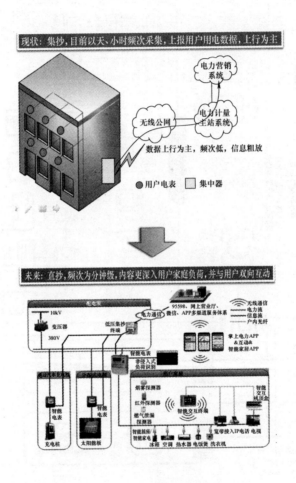

图 5-18　电表直抄与现有集抄模式比较

当前主要通过低压集抄方式进行计量采集，通过 5G 通信模组的适配性改造，实现设备与主站间的数据通信能力和秒级抄表频率，达成配网计量、智能电表直抄及费控通过 5G 网络实现的业务功能。未来在现有远程抄表、负荷监测、线损分析、电能质量监测、停电时间统计、需求侧管理等基础上，将扩展更多新的应用需求，例如支持阶梯电价等多种电价政策、用户双向互动营销模式、多元互动的增值服务、分布式电源监测及计量等。主要呈现出采集频次提升，采集内容丰富、双向互动三大趋势。图 5-18 所示为当前低压集中抄表的计量采集方式与高级计量采集方式的比较，高级计量的通信需求见表 5-14。

表 5-14　高级计量的通信需求

| 业务类别 | 业务名称 | 通 信 需 求 | | |
| --- | --- | --- | --- | --- |
| | | 可靠性 | 安全隔离 | 连接数 |
| 采集类业务 | 高级计量 | 99.9% | 管理信息大区 III | 集抄模式为 100 个/km², 而下沉到用户后翻 50 ~ 100 倍 |

## 5.5　5G 在石化行业

现阶段，石化企业的通信多采用自建或租用4G网络，或自建有线专网的方式。自建或租用4G网络主要存在覆盖面不足、运营维护经验不足、建设运维成本高等问题。自建有线网则存在部署难度大，组网不够灵活等问题。导致石化行业厂区应用模式单一，无法实现工业设备的全面感知、智能巡检及融合通信等。

5G网络将更好地适应石化行业通信场景需求。

### 5.5.1　5G 在油田业务场景的应用

#### 1. 无人值守场景

油田位置多为偏远地区，因此人员招聘和人员管理均有较大困难。在单井（采油井、注水井、采气井）、管线（输油管线、输气管线、输水管线）、站场（计量间、转油站、注水站、处理站）、拉油点（边零井、拉油车）等区域，需要进行数据采集、远程设备控制、巡检、安防等相关业务。

以上场景中，数据采集对网络覆盖要求较高，远程控制对时延要求较高，安防视频监控对带宽要求较高。通过 5G 网络可以实现在重点区域的视频安防监控、单井数据采集、管线数据采集、抽油机的远程起停、阀门调节以及站内控制等。

### 2. 勘探数据无线传输场景

在油田开采过程中，需要进行地质勘探工作，其数据较大（TB级），原有工作方式需多次往返基地与现场进行数据拷贝和分析。5G 网络的大带宽特性，能够实现实时远传数据、实时分析，提高勘探效率。另一方面，5G 网络推动平台移动化，移动终端可随时随地完成包括地震资料解释、储层预测以及三维可视化等大数据量的地质研究工作。

### 3. 无人机巡检场景

油田企业管道覆盖约 38000km、加油站覆盖 3 万座，覆盖范围广、巡检困难、劳动强度大。通过无人机搭载 5G 高清摄像头，实现长输管线远程实时高清视频回传、无人机巡检、站库无人化值守、管线应急救援、远程启停操控等。5G 更高的带宽使得无人机传输的影像更加清晰，超低的时延意味着对无人机更加精准的管控，更广的低空覆盖能够助力无人机更加顺利地执行任务。

基础设施巡检无人机使用不受地理条件、环境条件限制，能够通过 5G 网络及时、准确、高效地获取现场信息，应用于故障巡视、工程验收、资料收集、专项检查、应急抢修等任务，相比于过去的人力巡检工作效率及安全系数更高。5G 无人机挂载信号综测仪可采集飞行过程的基站的无线网络测试数据；挂载倾斜摄影相机可多角度采集影像，快速建立三维模型，写实反映基础设施的外观、位置、高度等属性。

## 5.5.2　5G 在炼化业务场景的应用

石化企业旗下有众多炼化厂，大部分厂区地域广阔，目前的巡检方式是工人手持离线的巡检设备，挨个巡查作业环境。人工巡检面临巡检困难多、劳动强度大等问题，而且存在手工数据记录错误的风险，现场信息无法实时回传至后台，后台也无法远程控制相关装置。

另外，炼化厂日常数据采集也是通过人工数采的方式进行。举个例子，一个炼化厂 10 个数采人员在室外工作，平均单表耗时 5min，一天平均采集 3 次，人均数采距离为 30km，耗时耗力，亟待改善。

### 1. 炼化厂巡检场景

针对炼化企业的巡检业务，提供 5G + AR 的解决方案。对于炼化厂的施工作业现场四定操作，现场人员佩戴 AR 眼镜，安全人员远程指导现场人员去操作，专业的巡检员无须到达现场、可以实现多点并行检查。同时，通过 AR 眼镜，安全人员可以随时远程抽查审查现场作业环境，还可以实现现场人员图像识别和施工证书的确认、防护服远程检查等，确保施工前的各项准备工作符合规范，如图 5-19 所示。

现场施工全过程监控记录

安全人员远程指导，随时抽查审查

现场图像识别与施工证书确认

防护服远程检查

**图 5-19　炼化厂远程巡检场景**

## 2. 无线数据采集场景

根据 5G 技术的大连接特性，在广阔的园区内部署 5G 基站、MEC 系统，炼化厂的各类监测设备、传感器，通过 5G 基站和 MEC 系统，与其业务平台进行通信。通过这种方式，实现石化行业大型企业、城市型企业点多面广的无线数据采集，扩大覆盖范围。同时，MEC 的部署方式保障了生产数据不出厂，实现了数据安全。这种无线数采的方式，使得数据实时回传，极大减少了数采人员数量并降低劳动强度，如图 5-20 所示。

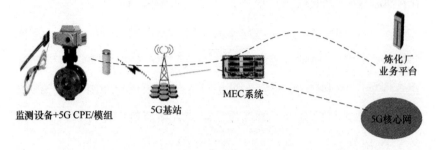

监测设备+5G CPE/模组　　5G基站　　MEC系统　　炼化厂业务平台　　5G核心网

图 5-20　无线数据采集场景

### 3. 人员/车辆精准定位场景

由于 5G 信号覆盖范围更小，5G 将实现密集组网，基站密度显著提高。用户信号可被多个基站同时接收到，这将有利于多基站协作实现高精度定位，包括用户移动线路信息也可以被精准记录。炼化厂区管理中，可基于 5G 基站，实现密集装置区域、高危区域、室内（高危化验室）的精准人员定位，通过轨迹查询，测试实时定位精度；实现特定区域的实时车辆定位、轨迹追踪、围栏报警；实现物流、供应链管理的实时在线管理，如图 5-21 所示。

### 4. 远程实时诊断运维

在 4G 环境下，远程运维数据不能实时上传，需要压缩打包，因此可能错过最佳预警预测时机。通过 5G + 物联网实现万物物联，强化对石化生产过程的监控、预警、评估能力，实时跟踪生产过程运行状态，利用网上巡检、远程诊断等平台功能，实现了远程的技术、

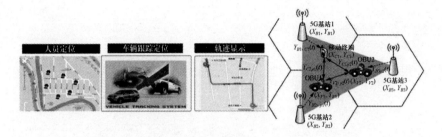

图 5-21　人员/车输精准定位场景

咨询服务，大大提高了服务效率，装置平均诊断时间由之前的几天减少到当天，进一步实现任务的实时处理解决。在炼化厂机组设备监测中，通过 5G 网络及振动传感器，实时采集压缩机组的振动、位移、工艺数据，建立设备模型、生产装置模型，以及运用大数据分析技术，把模型与生产实时数据集成，实时在线监测设备运转情况，实现远程专家在线诊断运维，提高对石化生产过程的预测、分析能力，实现生产过程的节能、降耗、减排、安全、环保、增效。

# 5.6 5G 在采矿业

## 5.6.1 5G 助力智慧矿山

为了解决安全、效率、少人这三大问题，采矿行业正在历经数字化矿山、智慧矿山、无人矿山的变迁。数字化矿山，将采矿生产进行数字化连接；智慧矿山，对矿区的人、物、环境进行主动感知、自动分析、在线处理；无人矿山，实现稳定、精准的无人采矿作业。

这其中有深刻的内在驱动力：一方面，随着我国人口老龄化加剧，劳动力人口占比下降，新一代工人很难适应井矿等劳动强度和危险系数较高的工作环境，人员招聘面临压力。另一方面，针对采矿企业或煤炭企业，生产安全是贯彻工作始终的最重要的职责任务。减少人员伤亡损失最根本的方式，就是机械化换人、自动化减人，减少作业人员。国家发展改革委和国家能源局联合发布的《国家能源技术革命创新行动计划（2016—2030 年）》中明确指出，要实现煤炭无害化开采技术创新，2020 年基本实现智能开采，重点煤矿区采煤工作面人数减少 50% 以上，2030 年实现煤炭安全开采，重点煤矿区基本实现工作面无人化。

借助 5G 技术，实现无线远程监测、远程操控、远程管理，为工作面无人化奠定无线通信基础。

此外，矿山面积广阔，以最典型的煤矿业为例，面积大的煤田，其面积可达数千平方千米，对比北京市大兴区的面积是 1036 平方千米；小的煤田面积约几平方千米，也相当于几百个标准足球场的面积。在开采过程中，井田走向长度可达数千米，甚至上万米。

除了面积广阔的采掘作业范围外，需要有集中的地面工业场地进行其他业务支撑。地面生产系统一般包括地面提升系统、运输系统、选煤系统、排矸系统、管道线路系统等。同时，大型煤田吸纳了大量的劳动力人口，地下井工矿的作业人员可达数万人，连同家属，建设有独立的生活区。

针对采矿业所涉及的采区作业范围、地面生产范围、社区生活范围。借助 5G 切片技术，将这三部分的通信进行有机结合及合理分割，实现一张网多业务承载，并为生产相关数据建立端到端的专属信息通道，如图 5-22 所示。

利用移动 5G 网络，可实现井上、井下自动化和信息化系统的接入和融合，实现综合机械化采煤（综采）工作面高清视频监控无线回传。配合融合通信调度系统实现自动化和信息化系统的融合调度，通过对矿井现有资源的整合优化，提高矿井安全生产率和生产水平，

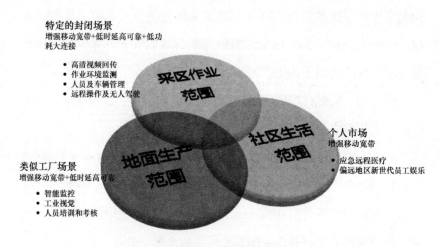

**图 5-22 多业务承载**

为矿井将来的大数据、人工智能和无人化综采的发展提供技术支撑。进一步开发井下作业面 AR 培训课件，利用 5G 网络大带宽、低时延特性实现高清图像渲染与图像双向互动，消除 AR/VR 所产生的眩晕感，实现临场感强、低成本的培训及考核效果。

## 5.6.2 5G 在开采场景的应用

### 1. 非露天场景

1）井下通信场景：井下通信部署的实施原则为整体设计、分布实施、基础先行。现阶段井下无线通信系统的应用主要有小灵通、WiFi、3G/4G 三种无线通信技术。其中，小灵通只有语音通话功能，已经淘汰；WiFi 具有无线传输和通信功能，但在应用中存在着数据丢包、基站传输距离短、无线穿透性差、抗电磁干扰性弱、网络不稳定等问题；3G 无线通信系统传输距离长，通话效果好，但应用中带宽过窄，不能作为移动物联网的组网设备；4G 技术在人、机、物互联上有一定进展，极大促进井上井下的信息化和自动化水平，但针对高清视频监控、远程操控等业务需求，仍无法满足。

5G 技术切合了传统企业智能化转型对无线网络的应用需求，解决了网络传输、基站断线丢包、无线接入、控制系统延时等问题，能满足工业环境下设备互联和远程交互的应用需求。

5G SA 网络可提供边缘计算能力。通过在矿区范围内部署本地 5G 边缘计算网关，对煤矿本地数据进行分流，确保现场产生的数据在本地处理，不出矿区；网关配套提供 5G 边缘计算平台，可按需加载边缘应用，例如视频处理应用、办公应用等，并提供 5G 网络能力开放接口，允许煤矿本地应用通过边缘计算平台调用 5G 网络能力。

2）远程监控及控制场景：井下高清视频回传需求旺盛，通过 5G 基站实现综采工作面的 5G 无线覆盖，一方面，保障矿车和打孔作业区的视频监控数据传输。另一方面，利用高清视频画面以及 AI 技术进行工业视觉识别，如在割煤机作业过程中对岩石等障碍物情况进行识别，对传动带运输、瓦斯抽采作业画面进行视觉识别等，实现监控及告警。

为促使智慧矿山向无人矿山发展，大量煤矿工业机器人被投入使用，以代替传统人员作业。井下采掘作业环境借助 5G 网络高可靠、低时延特点，可实现井下无人车、传动带集控、智能巡检采煤机记忆割煤、液压支架自动跟机、可视化远程监控等业务的应用，如图 5-23 所示。可将机器人协作调度软件部署在云端，实现生产线控制部件灵活部署的目标。通过在自动化机械设备部件上加装 5G 通信模块，实现无线接入，助力无人矿山的实现。

图 5-23　智能控制

## 2. 露天场景

1）矿车管理：矿车是露天开采过程中最重要的开采及运输工具。矿车体型巨大，在数米高的矿车面前，普通人甚至无法到达其轮胎的高度。为了监督、规范矿车司机的驾驶操作，矿车上均会安装高清监控摄像头。同时，还需要配合防疲劳驾驶系统、防碰撞预警系统、车辆工作状态管理系统等多个监测管理系统。

但是在露天开采过程中，作业区的广度和深度都在不断变化，而且爆破区无法部署线缆。需要无线通信实现作业区的语音、视频、数据集群调度、业务系统承载接入、交通管理系统无线接入。5G 微基站更便于基站部署，通过 5G 网络覆盖，实现覆盖广、信号稳定、带宽足、安全性高的网络环境。

**图 5-24　矿车管理**

2）自动驾驶场景：露天矿区是自动驾驶技术落地最理想的场景。一方面，采矿企业对无人矿山有安全方面的内在驱动力。另一方面，矿区相对封闭，路线相对固定，速度较低，适合无人驾驶技术初期的发展。

在矿区驾驶路线范围内，安装智能信号灯、摄像头、雷达等多种感知和信号设施。自动驾驶矿车拥有有激光雷达、毫米波雷达、差分 GPS 定位、5G- V2X 无线通信等多项先进技术。同时在 5G 的移动边缘计算终端上部署车路协同应用，在边缘侧进行感知设备分析和计算。不断强化 5G 边缘计算能力与核心云计算能力，打造自动驾驶分级决策"大脑"，满足自动驾驶对高性能计算的需求，实现车辆远程操控、车路融合定位、精准停靠、自主避障等功能。